Deutsche Seewarte

Seehandbuch für den Indischen Ozean

Deutsche Seewarte

Seehandbuch für den Indischen Ozean

ISBN/EAN: 9783954273294
Erscheinungsjahr: 2013
Erscheinungsort: Bremen, Deutschland

© *maritimepress in Europäischer Hochschulverlag GmbH & Co. KG, Fahrenheitstr. 1, 28359 Bremen. Alle Rechte beim Verlag und bei den jeweiligen Lizenzgebern.*

www.maritimepress.de | office@maritimepress.de

Bei diesem Titel handelt es sich um den Nachdruck eines historischen, lange vergriffenen Buches. Da elektronische Druckvorlagen für diese Titel nicht existieren, musste auf alte Vorlagen zurückgegriffen werden. Hieraus zwangsläufig resultierende Qualitätsverluste bitten wir zu entschuldigen.

Kaiserliche Marine
Deutsche Seewarte

Seehandbuch
für den
INDISCHEN OZEAN

Sonderabdruck von den Rückseiten der
Monatskarten für den Indischen Ozean

Mit 1 Karte als Beilage und 7 Kärtchen im Text

HAMBURG 1915
In Kommission bei Eckardt & Messtorff
Preis ℳ 2.—

Vorwort.

Das im Jahre 1892 von der Deutschen Seewarte herausgegebene „Segelhandbuch für den Indischen Ozean" ist seit einiger Zeit vergriffen. Das Werk diente ausschließlich der Förderung der deutschen Segelschiffahrt. Da diese im Indischen Ozean, außer in den hohen südlichen Breiten auf dem Wege nach Australien, nahezu aufgehört hat, kam eine Neuauflage des umfangreichen Werkes nicht in Frage. Immerhin waren etwa noch vorhandene Bedürfnisse der Segelschiffahrt zu berücksichtigen.

Wegen des veränderten Betriebes des Seeverkehrs im Indischen Ozean hat die Deutsche Seewarte bereits im Jahre 1908 „Monatskarten für den Indischen Ozean" herausgegeben, die inzwischen ebenfalls vergriffen sind. Es wurde daher beschlossen, diese Monatskarten so auszugestalten, daß sie gleichzeitig die noch vorhandenen Bedürfnisse der Segelschiffahrt mit deckten. Dieses ist durch kurzgefaßte textliche sowie bildliche Darstellungen auf den Rückseiten der neu herausgegebenen Karten geschehen.

Um den Seefahrern diese Darstellungen und Anweisungen auch in handlicher Form darzubieten, wurde die Herausgabe derselben in Buchform unter dem Titel „Seehandbuch für den Indischen Ozean" beschlossen. Das Seehandbuch beschränkt sich darauf, das für die Seefahrer Wünschenswerte in knapper Form so zu bringen, daß ein Verständnis der verwickelten physikalischen Verhältnisse im Indischen Ozean dadurch ermöglicht wird. Für diejenigen, die sich eine vertiefte Anschauung verschaffen wollen, ist das Studium der Vorderseiten der genannten Monatskarten notwendig.

Das vorliegende Seehandbuch bringt auch die Anweisungen für Segler- wie Dampferreisen in gedrängter Form, und ist, bei der voraussichtlich noch weiter fortschreitenden Veränderung des Seeverkehrs, als Vorläufer eines reinen „Dampferhandbuchs für den Indischen Ozean" anzusehen.

Deutsche Seewarte.

Inhaltsverzeichnis.

Abschnitt 1. Allgemeines.

	Seite
Die allgemeinen Luftdruckverhältnisse	1
Die allgemeinen Windverhältnisse	3
Die allgemeinen Stromverhältnisse	5
Die Eisverhältnisse	6

Abschnitt 2. Besonderes.

	Seite
Sturmtabellen für den Indischen Ozean	8
Durchschnittliche Häufigkeit der tropischen Orkane	8
Stürme beim Kap der Guten Hoffnung zwischen 10° und 40° O-Lg.	8
Häufigkeit der Windbeobachtungen mit Sturmesstärke beim Kap der Guten Hoffnung	8
Häufigkeit der Windbeobachtungen mit Sturmesstärke südlich von 30° S-Br. zwischen 40° und 110° O-Lg.	9
Häufigkeit und Stärke der Winde in den australischen Küstengewässern zwischen Kap Leeuwin und Kap Borda.	9
Stürme in ostafrikanischen Gewässern	9
Orkane und Taifune und das Verhalten von Seglern und schwachen Dampfern bei diesen in den einzelnen Gebieten	10
Orkane im südlichen Indischen Ozean und in australischen Küstengewässern	10
Orkane im Golf von Bengalen	14
Orkane im Arabischen Meer	16
Taifune in den ostasiatischen Gewässern	18
Grundlagen zum Manövrieren in tropischen Orkanen	22
Strömungen in einzelnen Meeresteilen	27
Rotes Meer, Kap Guardafui und Sokotra, Arabisches Meer, Golf von Bengalen, Südchinesisches Meer, Ostchinesische Gewässer, Malaischer Archipel, Korallenriffe und Atolle, Korallenmeer, Westküste Australiens und Arafura-See, Südküste von Madagaskar	27

Abschnitt 3. Seglerreisen.

	Seite
Abc-Tafel der Reisedauer in Tagen	33
Kurze Anweisungen für Ausreisen	46
Von der Länge des Kaps der Guten Hoffnung nach Osten	46
Nach der Ostküste von Afrika oder der Westküste Madagaskars	46
Nach der Ostküste Madagaskars oder nach den benachbarten Inseln	47
Nach dem Golf von Aden	47

Inhaltsverzeichnis

	Seite
Nach dem Golf von Persien oder Karátschi	48
Nach Bombay	48
Nach Ceylon	49
Nach dem Golf von Bengalen	49
Nach Häfen jenseits der Malakka- oder der Sunda-Straße oder den östlichen Durchfahrten	51
Von der Sunda-Straße nach Norden	55
Von der Sunda-Straße nach Osten	57
Von der Bali- oder einer östlicheren Straße nach Westen	57
Von den östlichen Durchfahrten nach Norden	57
Nach Celebes oder nach den Molukken	59
Vom Kap der Guten Hoffnung, Südostafrika oder Mauritius nach Australien oder weiter	60

Kurze Anweisungen für Rückreisen ... 63

Von Australien nach Mauritius, Südostafrika oder dem Kap der Guten Hoffnung	63
Wegetafel für Rückreisen durch die Straßen	64
Von ostasiatischen Gewässern nach dem Indischen Ozean	65
Von der Java-See und durch die Straßen in den Indischen Ozean	67
Von den Straßen nach dem Kap der Guten Hoffnung	68
Vom Golf von Bengalen nach dem Kap der Guten Hoffnung	69
Von Ceylon oder vom Arabischen Meer nach dem Kap der Guten Hoffnung	70
Von den Seychellen, von Mauritius oder von der Ostküste Madagaskars nach dem Kap der Guten Hoffnung	71
Von Ostafrika oder von der Westküste Madagaskars nach dem Kap der Guten Hoffnung	72

Abschnitt 4. Dampferreisen.

Durch den Suez-Kanal und das Rote Meer	**73**
Allgemeines	73
Von Suez nach Aden und zurück	73
Durch das Rote Meer	73
Durch die Straße Bab el-Mandeb	78
Durch den Golf von Aden	74
Von Aden nach Häfen im nördlichen Teil des Arabischen Meeres und zurück	**74**
Ausreisen	74
Rückreisen	74
Von Aden nach Colombo und weiter nach Häfen im Golf von Bengalen und zurück	**75**
Ausreisen	75
Rückreisen	75
Von Aden nach der Malakka-Straße und zurück	**75**
Allgemeines	75
Von Westen nach Osten	77
Von Osten nach Westen	77
Von Aden nach der Sunda-Straße und zurück	**78**
Ausreisen	78
Rückreisen	78
Von Kap Guardafui nach Australien und zurück	**78**
Von Aden nach Ost- und Südafrika und zurück	**80**
Nordost-Monsun	80
Südwest-Monsun	80

Inhaltsverzeichnis
	Seite
Von Kapstadt oder benachbarten Häfen nach dem Arabischen Meere und zurück	80
Nordost-Monsun	80
Südwest-Monsun	81
Von Kapstadt oder benachbarten Häfen nach Colombo oder dem Golf von Bengalen und zurück	81
Ausreisen	81
Rückreisen	81
Vom Kap der Guten Hoffnung nach Java und zurück	82
Ausreisen	82
Rückreisen	84
Von Durban nach Japan oder Sibirien und zurück	84
Ausreisen	84
Rückreisen	85
Gemeinschaftliche Dampferwege zwischen Südafrika und Australien	86
Allgemeines	87
Von Südafrika nach Australien	88
Von Australien nach Südafrika	90
Von Zanzibar nach Bombay und zurück	91
Von Zanzibar nach Häfen Cochins oder nach Ceylon und zurück	92
Von Mauritius nach der Sunda-Straße und zurück	92
Von Colombo nach Fremantle oder Kap Leeuwin und zurück	92
Von Yokohama nach der Juan de Fuca-Straße oder nach Astoria und zurück	93

Verzeichnis der Karten und Textfiguren.

Kärtchen der mittleren Luftdruckverhältnisse für die Monate Januar und Juli	2
Orkanbild für den südlichen Indischen Ozean	10
Orkanbild für den Golf von Bengalen	14
Orkanbild für den Golf von Aden	17
Bild der Orkangebiete und Orkanbahnen	22
Gemeinschaftliche Dampferwege zwischen Südafrika und Australien	86
Dampferwege zwischen Yokohama und der Westküste von Nordamerika	93
Entfernungs- und Wegekarte für den Indischen Ozean	Beilage

Abschnitt I.
Allgemeines.
Die allgemeinen Luftdruckverhältnisse.

Der Indische Ozean, der im Norden schon in verhältnismäßig niedriger Breite vollständig durch Land begrenzt wird, unterscheidet sich dadurch von den beiden andern Ozeanen. Infolge dieser seiner Form walten nur im südlichen, nach Süden hin nicht durch Land abgeschlossenen Teil ähnliche physikalische Verhältnisse ob, wie in den andern Ozeanen auf beiden Erdhälften, wo ein Gürtel tiefsten Luftdrucks sich in der Nähe des Äquators quer über den Ozean erstreckt, dann nach beiden Richtungen polwärts der Luftdruck zunimmt bis in die Breiten von etwa 20° bis 40°, worauf wieder eine Abnahme des Luftdrucks stattfindet, so daß im Mittel etwa in den Breiten von 50° bis 60° ein Gürtel niedrigsten Luftdrucks lagert. Weiter polwärts nimmt dann der Luftdruck, soweit bekannt, wieder zu. Diese mittleren Luftdruckverhältnisse verschieben sich, der Deklination der Sonne folgend, um eine Anzahl von Graden nord- oder südwärts.

Für das Gebiet des Indischen Ozeans mit Umgebung zeigen die beiden folgenden Kärtchen die mittleren Luftdruckverhältnisse in den Monaten Januar und Juli. Es ist daraus zu ersehen, daß die Luftdruckverhältnisse im Januar, dem Hauptwintermonat der nördlichen Erdhälfte, den oben geschilderten mittleren Luftdruckverhältnissen der andern Ozeane sehr ähnlich sind, nur mit dem Unterschiede, daß der äquatoriale Gürtel niedrigsten Luftdrucks nicht, wie in den andern Ozeanen nördlich vom Äquator, sondern südlich davon liegt. Er erstreckt sich vom Innern Afrikas quer über den Ozean bis zum Innern Australiens. Ein Gebiet höchsten Luftdrucks liegt im Süden über dem Ozean in etwa 35° bis 40° S-Br., ein anderes im Norden über Asien in ähnlicher oder noch höherer Breite. Weiter zeigt sich im Süden auch noch das Tiefdruckgebiet der höheren Breiten.

Im Juli dagegen, dem Hauptsommermonat der nördlichen Erdhälfte, entspricht nur der südliche Indische Ozean den vorstehend geschilderten Luftdruckverhältnissen. Das Tiefdruckgebiet der höheren südlichen Breiten und das Hochdruckgebiet der mittleren Breiten liegen beide nördlicher als im Januar. Das Hochdruckgebiet dehnt sich ganz von Südafrika bis nach Australien aus. Von diesem nimmt der Luftdruck nordwärts allmählich weiter ab über den Äquator hinweg bis nach Innerasien, wo zu dieser Jahreszeit der niedrigste Luftdruck lagert an Stelle des im Januar dort befindlichen Hochdruckgebietes. In Verbindung mit diesem Zustande des Luftdrucks im nördlichen Teile des Indischen Ozeans und der angrenzenden Gebiete sind auch die Winterverhältnisse denen im Januar entgegengesetzt.

Zwischen diesen beiden Zuständen des Luftdrucks im Hochsommer und Hochwinter vollziehen sich allmählich, vorwiegend in den Frühjahrs- und Herbstmonaten, die Übergänge von dem einen in den andern Zustand. Dieses wird besonders durch die Zu- oder Abnahme des Luftdrucks über den Landgebieten, insbesondere über dem Festlande Asiens bewirkt. In den Monaten April und Oktober ist der Luftdruck über dem südlichen Teil Asiens etwas höher, als über dem angrenzenden Ozean, so daß hier nun eine breite Furche niedrigen Druckes lagert. Im November/Dezember wird diese Furche durch die Zunahme des Luftdrucks im Norden allmählich schmäler und gleichzeitig südwärts verschoben, während im Mai/Juni durch die Abnahme des Luftdrucks im Norden die Zone niedrigen Luftdrucks über dem Meere verschwindet.

Mittlere Luftdruckverhältnisse

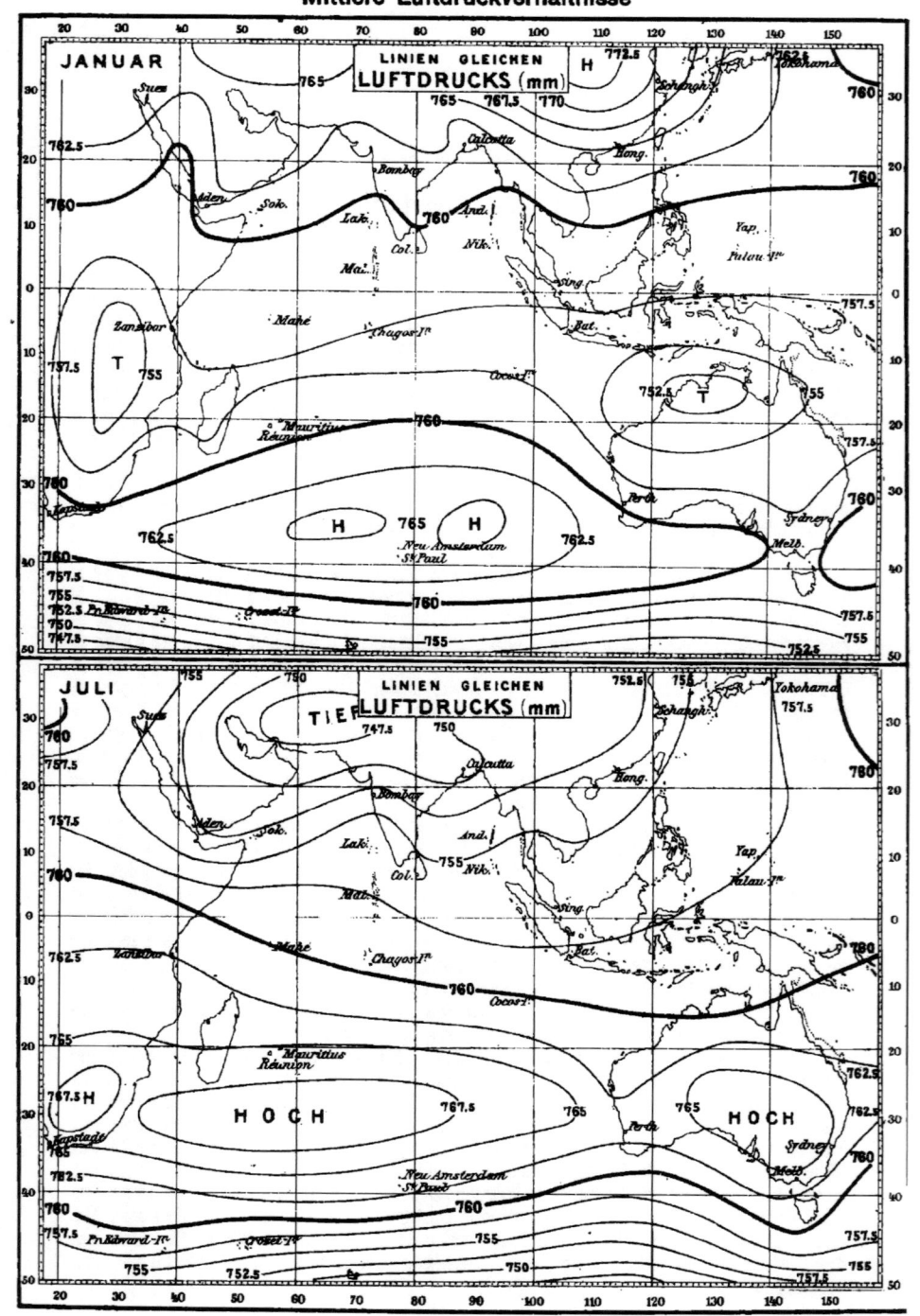

Die allgemeinen Windverhältnisse

des Indischen Ozeans unterscheiden sich von denen der anderen Ozeane sehr wesentlich dadurch, daß sich die gewöhnliche, in ihren Grundzügen zu allen Jahreszeiten annähernd gleiche Verteilung der Winde nur im südlichen, nach dem Pole hin offenen Teile des Indischen Ozeans findet, daß aber im nördlichen Indischen Ozean, teilweise bis über die Linie hinaus nach Süden, Jahreszeitenwinde oder Monsune wehen in Verbindung mit den oben beschriebenen halbjährlich wechselnden Luftdruckverhältnissen.

Im südlichen Indischen Ozean haben wir von Süd nach Nord gerechnet das für die gewöhnliche Schiffahrt wenig in Frage kommende Polargebiet mit umlaufenden, aber vorwiegend östlichen Winden. An dieses schließt sich ohne bestimmte, mit dem zufälligen niedrigsten Luftdruck schwankende, Grenze das Gebiet der umlaufenden westlichen Winde. Im Norden davon, aber getrennt durch einen Gürtel höchsten Luftdruckes mit stillen und umlaufenden leichten Brisen, ist das Gebiet des Südost-Passates.

Der Gürtel des höchsten Luftdruckes liegt etwas südlich vom Wendekreise und verschiebt sich im Laufe des Jahres mit der Deklination der Sonne nach Norden oder nach Süden, aber nur um einige Breitengrade. Diesen Verschiebungen folgen auch die benachbarten Grenzen der Winde, die Nordgrenze der umlaufenden westlichen Winde und die Südgrenze des Südost-Passates. Immer herrschen an der Südseite des höchsten Luftdruckes, wo dieser nach Süden hin abnimmt, westliche, vorwiegend nordwestliche Winde, an der Nordseite des höchsten Luftdruckes östliche, vorwiegend südöstliche Winde oder Südost-Passat.

Außer den großen, jahreszeitlichen Verschiebungen des höchsten Luftdruckes finden in diesem selbst aber auch noch zufällige, mit örtlichen Luftdruckschwankungen zusammenhängende Verschiebungen statt. Verschiebt sich z. B. der höchste Luftdruck an einer Stelle weit nach Süden, so bekommt ein Schiff in der Nähe östliche Winde, wo es meint, auf westliche rechnen zu können, und verschiebt sich der höchste Luftdruck irgendwo nach Norden, so hat ein Schiff dort statt des erwarteten Südost-Passates leichte Winde und Mallungen. Oder es habe den höchsten Luftdruck östlich von sich, so wird es im Zusammenhange damit nördliche, oder es habe den niedrigsten Luftdruck östlich von sich, so wird es südliche Winde haben. Solche Verschiebungen dürften am häufigsten mit den Luftdruckschwankungen im Westwindgebiet zusammenhängen.

Im Südost-Passat kommen außer den großen jahreszeitlichen und den kleineren örtlichen Verschiebungen seiner Südgrenze auch Luftdruckschwankungen vor, die Rundläufe des Windes und selbst Orkane mit sich bringen. Der Südost-Passat ist aber in den östlichen und westlichen Teilen seines Gebietes infolge der eigenartigen Verteilung von Land und Wasser und der damit zusammenhängenden Wärme- und Luftdruckverschiebungen auch noch jahreszeitlichen Änderungen unterworfen, die ihn so monsunartig machen, daß man vom West-Monsun im östlichen und vom Nordost-Monsun im westlichen Südost-Passatgebiet des Indischen Ozeans spricht.

Der nördliche Indische Ozean wird im Norden durch ungeheuere, bis in die Tropen hinabreichende Ländermassen begrenzt. Die Erwärmung und Abkühlung dieser Ländermassen infolge der Deklinationsänderung der Sonne ist viel größer und vollzieht sich viel schneller, als die Erwärmung und Abkühlung des sie umspielenden Ozeans. Durch diese Wärme und die damit zusammenhängenden Luftdruckänderungen und Luftdruckunterschiede entstehen im nördlichen Indischen Ozean Jahreszeitenwinde oder Monsune.

Die Monsune. Wie die jedem Seemann bekannte tägliche Seebrise entsteht, wenn vormittags durch die höhersteigende Sonne das Land schneller erwärmt wird, als die See und dann die Seebrise einsetzt, um das gestörte Gleichgewicht wieder herzustellen, d. h. den mit der Erwärmung entstandenen geringeren Luftdruck über dem Lande auszugleichen, so strömt die Luft als Südwest-Monsun vom Indischen Ozean nach Asien hin, wenn sich dieses mit der zunehmenden nördlichen

Deklination der Sonne schneller und mehr erwärmt als der Ozean. Und wie abends die Landbrise entsteht, wenn sich nach Sonnenuntergang das Land schneller und mehr abkühlt als die See, so weht auf dem Indischen Ozean der Nordost-Monsun vom Lande her, wenn es sich mit zunehmender südlicher Deklination der Sonne schneller und mehr abkühlt als das Meer.

Der Nordost-Monsun ist also eine große, monatelang anhaltende Landbrise und ist wie diese gewöhnlich nicht sehr kräftig; ausgenommen in der China-See, wo er aber, wenn auch nicht gerade als Seebrise, so doch vom offenen Ozean nach einem geschlossenen Meeresteile weht.

Der Südwest-Monsun ist eine große, monatelang wehende, kräftige Seebrise.

Wie nun aber im täglichen Wechsel von Land- und Seebrise zweimal am Tage Windstillen eintreten in den Stunden, wo gleiche Wärme und gleicher Luftdruck über dem Lande und über dem Wasser ist, so kommen zweimal im Jahre auf dem Indischen Ozean Monate, in denen Windstillen und Mallungen herrschen, das sind die Monate des Monsunwechsels (vgl. unten). Wie dann ferner die Landbrise zuerst nahe unter Land entsteht und nur allmählich weiter hinausläuft, so dringt der Nordost-Monsun nur allmählich von den oberen, nördlichen Enden der großen Meere hervor. Aber wie die Seebrise nach kaum bemerkbaren Riffelungen fast in ihrem ganzen Bereiche mit einem Male kräftig einzusetzen pflegt, so pflegt der Südwest-Monsun an allen Küsten, wo er als Seewind weht, mit einem Male kräftig hereinzubrechen. Bei der eigenartigen Gliederung des nördlichen Indischen Ozeans ist der Südwest-Monsun nicht überall auflandig, es sei z. B. an den Verlauf der Ostküsten von Arabien und Hindustan oder an das im Norden offene Südchinesische Meer weiter im Osten erinnert; unter dergleichen besonderen Verhältnissen treten dann auch besondere Verhältnisse im Verlauf der Monsune ein, immer aber dürfte man die Eigenart der Monsune im großen ganzen und die einzelnen Erscheinungen in ihrem Verlauf am besten verstehen, wenn man von dem bekannten Wechsel der Land- und Seebrise ausgeht und, was man dabei kürzlich im kleinen erlebte, auf das Jahr und das weite Gebiet des nördlichen Indischen Ozeans überträgt.

Die Äquatorialgegend zwischen dem Südost-Passat und dem Monsunen im Norden ist ein Übergangsgebiet, das sehr beträchtlichen jahreszeitlichen Änderungen und Verschiebungen unterworfen ist und in dem zu gewissen Zeiten oder in gewissen Gegenden fast nur Windstillen und Mallungen herrschen.

Wenn die Sonne im Dezember ihre größte südliche Abweichung gehabt und der Nordost-Monsun mit der größten Abkühlung des Nordens und größten Erwärmung des Südens seine größte Entwicklung erlangt hat, dringt er weit nach Süden, im westlichen Teile des Ozeans bis über die Linie, vor der Ostküste Afrikas sogar bis in den Mozambique-Kanal hinein. Weiter im Osten biegt der Nordost-Monsun südlich von 5° N-Br. nach links um und überschreitet die Linie als Nordwest-Monsun und dringt im östlichsten Teile des Ozeans und im Inselmeer sogar über 10° S-Br. bis zur Nord- und Nordwest-Küste Australiens vor. Hier nimmt er aber eine westliche und selbst südwestliche Richtung an; und hier findet sich dann oft kaum eine Grenze zwischen dem West-Monsun und dem Südost-Passat, weil dieser jetzt vor der Westküste Australiens aus hochsüdlichen Richtungen weht und einfach rechtsum in den West-Monsun der Arafura-See hineinbiegt. Auch weiter im Westen findet solches Umbiegen zuweilen statt, gewöhnlich hat man dort aber zwischen etwa 10° S-Br. und der Linie ein Mallungsgebiet.

Monsunwechsel. Wenn die Sonne im März den Äquator nach Norden hin überschritten hat, hat sich auch der Nordwest- oder West-Monsun nach Norden hin zurückgezogen; er herrscht dann nur noch in einem keilförmigen Gebiet, das auf 100° O-Lg. von ungefähr 5° S-Br. nach 5° N-Br. reicht und etwa auf der Linie in 40 bis 60° O-Lg. in eine Spitze ausläuft. Der Südost-Passat hat um diese Zeit seine Grenze erst wenig nach Norden vorgeschoben, so daß zwischen etwa 10° S-Br. und dem keilförmigen Nordwest-Monsungebiet Mallungen und Windstillen herrschen. Und da im Norden der Nordost-Monsun im Verschwinden ist, findet sich auch hier, zwischen dem Rest des Nordost-Monsuns und dem West-Monsun, ein breites Gebiet mit Windstillen und Mallungen.

Wenn dann der Südwest-Monsun mit der größer gewordenen nördlichen Deklination der Sonne nach Süden vordringt, verschwindet dieses Mallungsgebiet; und hat die Sonne ihre größte nördliche Deklination erreicht, so erreicht der Südwest-Monsun seine südlichste und der Südost-Passat seine nördlichste Grenze. Der Südost-Passat steht dann bis 5° S-Br. oder weiter nach Norden; er hört hier aber nicht ganz auf, sondern er biegt meistens rechtsum in den Südwest-Monsun über. Im Westen findet dieses Umbiegen gewöhnlich statt, im Osten sind zwischen 5° S-Br. und der Linie auch jetzt Windstillen nicht selten.

Wenn die Sonne den Äquator dann wieder nach Süden hin überschreitet, der Südwest-Monsun seine Kraft verloren hat und die Nordgrenze des Südost-Passates nach Süden zurückweicht, entsteht wieder im Süden der Linie ein Mallungsgebiet mit besonders vielen und weit nach Norden reichenden Windstillen vor der Westküste Sumatras.

Die allgemeinen Stromverhältnisse

des Indischen Ozeans stehen in engem Zusammenhange mit den allgemeinen Windverhältnissen.

Südlicher Indischer Ozean. Im Westwindgebiet des Südens haben wir eine Westwindtrift, durch die Schiffe vorwiegend nach Osten, am häufigsten etwas nördlich von rw. Ost, je nach Umständen etwa 12 bis 15 Sm in einem Etmal versetzt werden. Nördlich davon, im Gürtel des höchsten Luftdruckes herrschen, wohl im Zusammenhange mit den häufigen Luftdruck- und den entsprechenden Windänderungen im Süden, unzuverlässige Strömungen; sie nehmen aber im allgemeinen keine so großen Beträge an, daß sie beim Navigieren besonders in Betracht zu ziehen wären. Im westlichen Teile des hohen Luftdruckes, wo der Passat weiter im Norden am häufigsten östliche oder selbst nordöstliche Richtungen annimmt, und in Verbindung mit einer südlichen Strömung vor der Ostküste des südlichen Teiles von Madagaskar, wird man im allgemeinen am häufigsten südlich versetzt; im östlichen Teile des hohen Luftdruckes, wo die westlichen Winde häufig linksum und in den Südost-Passat hineinbiegen, wird man auch wohl am häufigsten nach Norden versetzt. Ob man bei diesen nördlichen oder jenen südlichen Versetzungen im höchsten Luftdruck zugleich nach Osten oder nach Westen versetzt wird, dürfte im allgemeinen davon abhängen, ob man noch im Bereiche der Westwindtrift oder schon im Bereiche der Südost-Passattrift ist.

Im Südost-Passat herrscht westliche Strömung, die im Osten, wo der Passat ziemlich südliche Richtungen hat, gleichzeitig etwas nach Norden zu setzen pflegt. Die Geschwindigkeit dieser Passattrift steht in engem Zusammenhange mit der Stärke des Passates; sie überschreitet 50 Sm in einem Etmal wohl selten und erreicht nach Stromauszügen nur Durchschnittswerte von 10 bis 12 Sm in 24 Stunden. Es kommen sogar Beobachtungen ohne jeglichen und selbst solche mit östlichem Strom vor, doch dürfte, wenn nicht gerade ganz besondere Windverhältnisse, z. B. ein Orkan, in der Nähe geherrscht haben, bewußtes oder unbewußtes Hineinrechnen des gewöhnlichen oder vermuteten Stromes in die Loggerechnung dabei im Spiel sein.

Die Südost-Passattrift teilt sich vor der Ostküste Madagaskars. Ihr südlicher Teil biegt nach Südwesten und zum Teil wieder in die Westwindtrift hinein, zum Teil um Kap Sta. Maria in den Mozambique-Kanal. Der nördliche größere Teil der Südost-Passattrift setzt vor der Nordwestküste Madagaskars nordwestlich und an Kap Amber vorüber nach Westen, bis er sich vor Kap Delgada abermals teilen muß. Der südliche Teil setzt nach Südwesten und wird zur Agulhasströmung der südostafrikanischen Küste der nördliche Teil setzt nach Nordosten und in das Arabische Meer hinein, im Südwest-Monsun. Im Nordost-Monsun wird dieser nördliche Teil schon südlich von der Linie von der afrikanischen Küste ab- und nach Osten umgebogen. Er geht dann in die östliche Äquatorialströmung über, deren Grenzen ungefähr mit den Grenzen des West-Monsuns zusammenfallen und die zum Teil durch die Sunda-Straße und die östlichen Durchfahrten in das Inselmeer eindringt, größtenteils aber an der Außenseite der Inselstelle in die Arafura-See hinein und durch die Torres-Straße weiterläuft.

Im nördlichen Indischen Ozean und in den ostasiatischen Gewässern herrschen Monsunströmungen, die im allgemeinen dem Verlauf der Monsune folgen.

Die Eisverhältnisse.

Wenn auch in vielen Jahren auf den gewöhnlichen Wegen im Indischen Ozean gar kein Eis gesehen wird, so muß man sich doch stets darauf gefaßt machen, daß auf den Wegen im Westwindgebiet Eis vorhanden sein kann. Es sind fast ausschließlich Eisberge und in deren Nähe schwimmende Stücke, die hier die Schifffahrt gefährden; Feld- oder Packeis kommt auf diesen Schiffswegen nicht vor, wohl aber treten die Eisberge zuweilen in gewaltigen Triften auf. Ihre Nähe rechtzeitig zu bemerken, ist durch Luft- und Wassertemperatur-Messungen nicht immer möglich. Nach neueren Forschungen soll die Wassertemperatur in der Nähe eines Eisberges zunehmen, dagegen liegen aber nicht wenig Berichte von Kapitänen vor, wonach beim Segeln durch große Triften in der Nähe größerer Eisberge jedesmal ein Sinken der Wassertemperatur um etwa 1° gefunden worden ist. Und wiewohl im allgemeinen die Eisgefahr größer sein mag, wenn sich ein Schiff in kaltem Wasser befindet, so liegen doch auch Berichte vor, wonach Schiffe, die tagelang niedrige Wassertemperaturen von weniger als 5° gehabt haben, erst in Eistriften geraten sind, nachdem die Wassertemperatur auf über 10° C gestiegen war. In dunkeln bei bewölktem Himmel hat man oft den sogenannten Eisblink, eine hellere Stelle an den Wolken gesehen; unbedingt darauf verlassen kann man sich aber nicht, namentlich auch deshalb nicht, weil bei Nacht oft gar nicht erkennbar ist, wie weit Dunst oder Nebel die Sichtbarkeit der Luft beeinträchtigen. Aber selbst in hellen Nächten können Eisberge ganz unsichtbar sein, wie aus den folgenden Ausführungen Abbot H. Thayers (vgl. auch Monatskarte f. d. Nordatl. Ozean, März 1913) hervorgeht. Das zuverlässigste Mittel, Eis zeitig genug zu bemerken, ist guter Ausguck, und zwar sind auf den amerikanischen Eisspähschiffen „Chester" und „Birmingham" in die Nähe kommende Eisberge stets zuerst mit bloßen Augen, niemals zuerst mit Fernrohren oder Doppelgläsern entdeckt worden. Scheinwerfer haben auf diesen Schiffen zum Auffinden von Eisbergen erstaunlich wenig genützt.

Der Glaube, daß weiße Gegenstände bei Nacht sehr weit zu sehen seien, ist weit verbreitet, und er rührt davon her, daß die meisten Menschen gewöhnt sind, nur die Dinge zu beachten, die dunkle Erde oder dunkles Wasser als Hintergrund haben. In sternhellen, ja selbst in mondhellen Nächten wird der weiße obere Teil eines Zeltes oder einer anderen schrägen Fläche unsichtbar, wenn sie den Himmel als Hintergrund hat. So wissen Landbewohner recht wohl, daß Dächer, die für gewöhnlich gegen den hellen Nachthimmel deutlich zu sehen sind, in solchen Nächten nicht gesehen werden können, wenn sie eine Schneedecke tragen. Das kann sich jeder durch den folgenden Versuch klarmachen:

Man stelle irgendeinen dunklen Gegenstand, einen gefüllten Sack oder dergleichen, je größer desto besser, so auf, daß man ihn gegen den hellen Nachthimmel sieht, dann wird man erstaunt sein, wie scharf sich der Gegenstand abhebt. Nun lasse man den Gegenstand mit einem weißen Laken bedecken und dieses schräg nach unten steif halten, so wird das Ganze verschwinden.

Ähnlich verhält es sich mit Eisbergen, deren schräge obere Teile den hellen Himmel als Hintergrund haben und nicht zu sehen sind, weil sie von diesem so viel Licht empfangen, daß sie ihm fast gleichen. Tiefere Teile der schrägen Seiten eines Eisberges, die die See als Hintergrund haben, werden ja etwas heller scheinen als das Wasser, sie treten aber kaum mehr hervor, als etwa der schwache Schimmer, den ein Planet oder die Milchstraße auf das Wasser wirft. Außerdem fallen aber die untersten Teile der Eisberge oft senkrecht oder so steil ab, daß die Dunkelheit dieser senkrechten Teile jenen schwachen Schimmer aufhebt. Darum sind Eisberge, deren oberer Teil aus den zuerst angeführten Gründen nicht wahrgenommen wird, ganz außerordentlich schwer auszumachen.

Ein Eisberg kann bei Nacht gesehen werden, wenn die Kimm dahinter sehr hell ist, wie etwa kurz vor Sonnenaufgang oder kurz nach Sonnenuntergang oder beim Aufgange oder Untergange des Mondes oder wenn die Bewölkung der Kimm hinter dem Eisberg am dünnsten ist; ist aber der Nachthimmel überall gleichmäßig hell, so kann kein Eisberg gesehen werden, es sei denn, er wende dem Beobachter nur eine ganz senkrechte Seite zu."

Bei dickem Wetter ist die Nähe von Eis des öfteren durch Schallwellen erkannt worden, und zwar bei ruhigem Wetter durch das Echo von Pfeifen- oder Glockentönen, bei unruhigem Wetter durch Geräusche, die als „dumpfes, krachendes Getöse" beschrieben werden.

Abschnitt II.

Besonderes.

Sturmtabellen für den Indischen Ozean.
Durchschnittliche Häufigkeit der tropischen Orkane.

	Jan.	Febr.	März	April	Mai	Juni	Juli	Aug.	Sept.	Okt.	Nov.	Dez.	Durchschnittl. Orkane im Jahr	berechnet aus
Arabisches Meer ...	0.03	0.00	0.02	0.15	0.19	0.28	0.00	0.01	0.05	0.07	0.17	0.03	1	61 Orkanen
Golf von Bengalen .	0.02	0.00	0.04	0.16	0.36	0.18	0.06	0.06	0.10	0.54	0.32	0.16	2	115 "
Südchinesisches Meer	0.3	0.1	0.1	0.4	1.1	1.9	3.4	8.4	4.0	2.9	2.8	1.1	21	468 "
Südl. Indisch. Ozean	0.66	0.54	0.54	0.45	0.18	0.03	0.03	0.00	0.00	0.03	0.24	0.30	3	328 "
Westl. Stiller Ozean	0.87	0.54	0.84	0.18	0.08	0.00	0.00	0.00	0.03	0.03	0.09	0.39	3	125 "

Beispiel. Im Januar kommen im Arabischen Meer in hundert Jahren etwa 3 Orkane vor.
" " " " Südchines. " zehn " 3 "

Stürme beim Kap der Guten Hoffnung zwischen 10 und 40° O-Lg.
a. Mittlere Häufigkeit der Stürme (ohne Rücksicht auf ihre Dauer).

Jan.	Febr.	März	April	Mai	Juni	Juli	Aug.	Sept.	Okt.	Nov.	Dez.	Stürme im Jahr
2	2	2	2	4	4	4	4	4	3	3	2	36

b. Mittlere Dauer der Stürme.

NW Stürme	26 Stunden	SO-Stürme, denen SO-Wind vorherging	26 Stunden
SW- "	22 "	Ausnahme-Stürme, d. h. solche, bei denen sich die Richtung des Windes um etwa 16 Striche änderte	32
NO- "	11 "		
SO- " denen NO-Wind vorherging	17½ "		

berechnet aus 14 848 Beobachtungstagen.

Häufigkeit der Windbeobachtungen mit Sturmstärke beim Kap der Guten Hoffnung (10 bis 40° O-Lg.).

	Nach Toynbee entfallen durchschnittlich auf 1000 Windbeobachtungen im											
	Jan.	Febr.	März	April	Mai	Juni	Juli	Aug.	Sept.	Okt.	Nov.	Dez.
	80	60	50	60	110	130	110	140	150	90	80	90
Beobachtungen mit Windstärke 8 oder mehr. Davon waren Beobachtungen mit												
Sturm aus SO	7	20	8	4	9	4	4	23	15	8	18	13
" " NO	6	12	5	9	5	10	4	8	18	2	2	7
" " NW	13	7	14	12	45	56	50	53	37	27	18	8
" " SW	32	17	17	26	30	42	35	45	53	32	33	48
Ausnahme-Sturm	22	4	6	9	21	18	17	11	27	21	9	14

Ausnahme-Stürme nennt Toynbee solche, bei denen sich die Windrichtung nahebei um 16 Strich ändert.

Häufigkeit der Windbeobachtungen mit Sturmstärke südlich von 30° S-Br. zwischen 40 und 110° O-Lg.

				Auf 1000 Windbeobachtungen entfallen durchschnittlich im							
Jan.	Febr.	März	April	Mai	Juni	Juli	Aug.	Sept.	Okt.	Nov.	Dez.
50	60	80	90	130	160	170	150	130	140	110	90

Beobachtungen mit Windstärke 8 oder mehr.

Häufigkeit und Stärke der Winde in den australischen Küstengewässern zwischen Kap Leeuwin und Kap Borda. Nach Beobachtungen von Reichspostdampfern.

Jahreszeit	Östliche Winde	Westliche Winde	Windstillen	Windstärken 0—5	6—7	8 u. mehr	
Nov. bis März..	54%[1]	42%	4%	87%	12%	1%[2]	[1] Jan. 57%
April.........	52 „	44 „	4 „	84 „	15 „	1 „	[2] Jan. u. Nov. über 2%
Mai bis Sept...	39 „	57 „ [3]	4 „	77 „	17 „ [4]	6 „ [5]	[3] Juli u. Aug. über 60%
Okt...........	46 „	47 „	7 „	84 „	14 „	2 „	[4] Sept. 9%
							[5] Mai u. Juni 20%

Stürme in ostafrikanischen Gewässern.

Vor dem südlichen Teile der ostafrikanischen Küste, etwa zwischen 35 oder 34° und 26° S-Br. ist das Gebiet der umlaufenden Stürme ähnlicher Erscheinungen wie Pamperos vor der Küste Südbrasiliens und der La Plata-Mündung. Diese Stürme hängen damit zusammen, daß die Rinnen tiefen Luftdrucks zwischen den ost- oder südostwärts ziehenden Gebieten hohen Luftdrucks gelegentlich größere Tiefen oder besonders steile Gradienten annehmen. Je nach Form, Marschrichtung und -geschwindigkeit der Gebiete tiefen Luftdrucks verlaufen die Stürme zwar verschieden, gewöhnlich aber folgendermaßen: Der Passat holt nördlicher und nimmt bei fallendem Luftdruck bis zur Stärke 6 oder 7 zu. Wenn dann der Wind etwa 24 Stunden aus Nordosten geweht hat, hört der Luftdruck auf zu fallen, der Wind flaut ab, läuft schnell über Nord und West, mitunter auch über Ost und Süd herum und setzt als heftiger SSW- bis SW-Sturm ein, der in Böen weht, oft mehrere Tage, zuweilen aber auch nur wenige Stunden anhält. Gewöhnlich wird das Hereinbrechen des SW-Sturmes durch drohende Luft und durch Blitzen angezeigt. Manchmal kommt der Sturm erst nach stunden- oder tagelanger Windstille und Mallung. Mitunter zeigen sich die steilsten Rinnen nicht an den Westseiten, sondern an den Ostseiten der Gebiete tiefen Luftdrucks; in solchen Fällen wächst der nördliche Wind zu heftigem Sturme an, und es folgt kein schwerer Südwest. Ähnliche Vorgänge, bei denen es aber seltener zu wirklichen Stürmen kommt, werden an der Südgrenze des SO-Passates auch weiter im Osten angetroffen.

In einzelnen Fällen läuft der Wind nicht von NO nach SW, sondern von NO nach SO oder von SO nach SW um. Die mehr kreisförmigen Gebiete niedrigen Luftdruckes, mit denen solche Stürme zusammenhängen, treten fast nur von Januar bis April, in der Jahreszeit der Mauritius-Orkane auf. Zu anderen Jahreszeiten ändert sich die Windrichtung im Verlauf der Stürme zwischen 34 und 26° S-Br, meistens um nahe bei 16 Strich, und meistens geht das Umlaufen — wenn nicht Windstille dazwischen eintritt — sehr rasch vor sich. Die Monate November und Dezember scheinen ziemlich sturmfrei zu sein, und im ganzen sind Stürme im Norden von 30° S-Br. selten. Rundläufe des Windes finden hier zwar sehr oft statt und sind auch oft von drohenden Anzeichen begleitet, doch kommt es selten zu Stürmen.

Die Stürme im Norden von 25° S-Br., soweit es sich nicht um gelegentliches Stürmischwerden des Süd-Monsuns handelt, fallen ausnahmslos in die Monate von Januar bis April, größtenteils in den Februar, wie die Mauritius-Orkane. Es sind auch wirkliche, von tiefem Luftdruck begleitete Orkane, die in südlicher oder südöstlicher, aber auch in südwestlicher oder westlicher Richtung fortschreiten.

Orkane und Taifune und das Verhalten von Seglern und schwachen Dampfern bei diesen in den einzelnen Gebieten.

Orkane im südlichen Indischen Ozean und in australischen Küstengewässern.

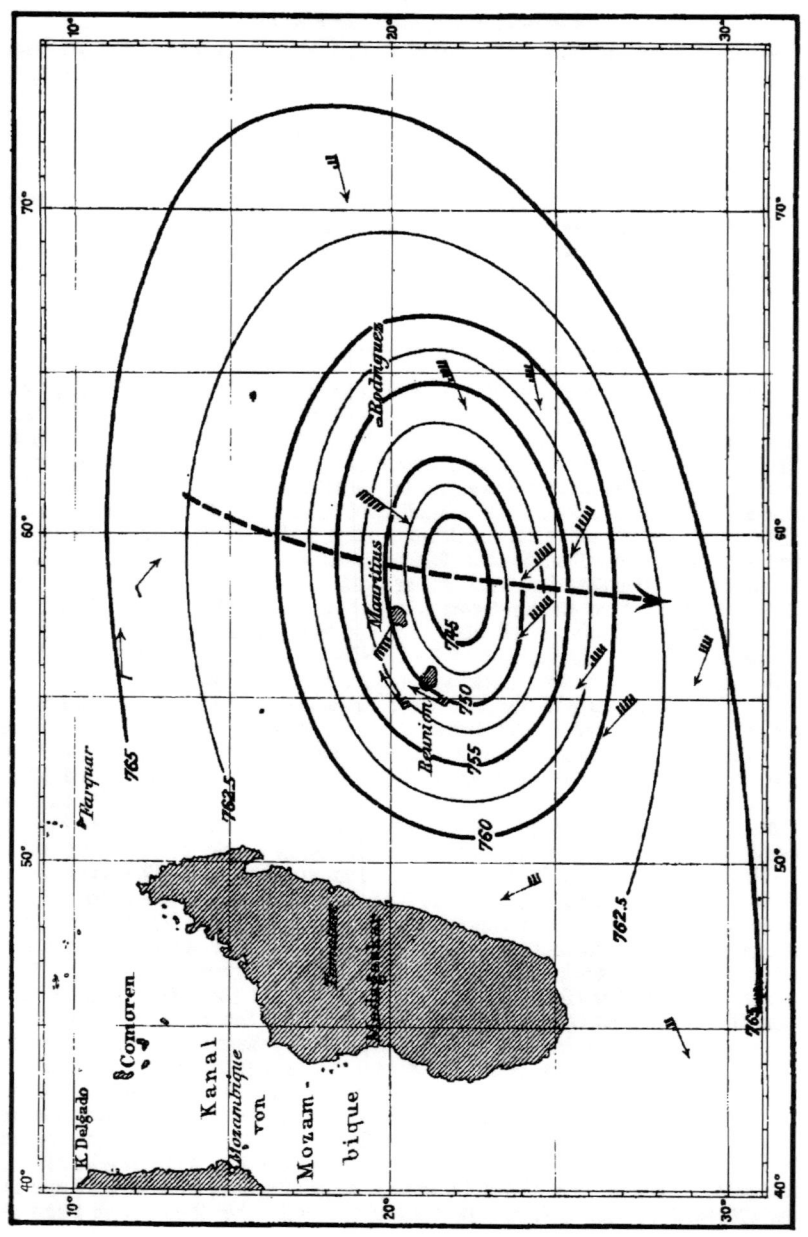

Orkane treten im südlichen tropischen Indischen Ozean vorwiegend in den drei Monaten nach dem höchsten Sonnenstand auf, also im Januar, Februar und März, wenn Luft und Wasser am stärksten erwärmt sind; seltener sind sie im November, Dezember und April.

Zwischen Madagaskar und Australien nimmt mit zunehmender Ostlänge ihre Häufigkeit ab, so daß der Teil zwischen 50° und 80° O-Lg. den Hauptanteil beansprucht; daher die Bezeichnung „Mauritius-Orkane". Weit seltener sind Orkane im Kanal von Mozambique und in der Nähe der australischen Küste.

Die Winddrehung geht auf Südbreite in dem Sinne SO—SW—NW—NO um das barometrische Minimum vor sich. Am 3. März 1861 (vgl. die Zeichnung) östlich von Rodriguez in $18^1/_2$° S-Br. beobachtete ein Schiff ONO 5, d. h. im Südost-Passatgebiet, nordöstlichen Wind, der hier in den Orkanmonaten an und für sich schon verdächtig ist. Da die Orkanmitte etwa WSW vom Beobachter liegt, ist ihre Peilung 0 Strich. Bei den Schiffen in geringerer Entfernung von der Mitte liegt die Peilung zwischen 4 und 8 Strichen.

Die Marschrichtung der Mauritius-Orkane geht anfänglich nach WSW, dann nach S, schließlich nach SO. Es scheint, daß die Orkane hier in um so höherer Breite nach S umbiegen, je weiter westlich sie sich befinden. Treten sie auf das Festland über, sei es Madagaskar oder Afrika, so haben sie in See meist nur eine Marschrichtung nach SW. Da der Südost-Passat des Indischen Ozeans sehr oft stürmisch wird, ohne daß es zu einem Orkan kommt, ist als sicheres Zeichen eines Orkanes nur außergewöhnliches Fallen des Barometers anzusehen.

Verhalten bei Orkanen für schwache Dampfer und Segler.

Auf dem Wege vom Osten nach Südafrika hat man beim Beginn eines Orkanes den Wind gewöhnlich südöstlich, aus der Richtung des Passates. Steht man

bei südöstlichen Winden

noch in verhältnismäßig niedrigen Breiten, wo das Sturmzentrum wahrscheinlich nach Westen bis Südwesten fortschreitet, so sollte man auf B-B.-Halsen beidrehen und das Vorüberziehen des Sturmes abwarten. Es zeigt sich durch Nordöstlich-holen des Windes und durch Steigen des Barometers an. Man kann dann seinen Kurs wohl wieder aufnehmen, muß dabei aber das Barometer sehr sorgfältig beobachten und, wenn es wieder fallen sollte, beizeiten wieder auf B-B.-Halsen beidrehen, damit man nicht von neuem in das Sturmfeld gerät. Hat man 20° S-Br. schon nach Süden hin überschritten, so dürfte es am ratsamsten sein, den gewöhnlichen Kurs WSW oder SW solange wie möglich beizubehalten. Wird der Wind so schwer, daß man diesen Kurs nicht mehr einhalten kann, und bleibt der Wind aus derselben südöstlichen Richtung oder holt er östlicher, so drehe man auf B-B.-Halsen bei. Holt der Wind südlicher, so daß man deswegen abhalten muß, so halte man den Wind gleichwohl einige Striche von B-B. ein und drehe, wenn der Wind durch SSW gegangen ist, auf St-B.-Halsen bei.

Bei Winden aus O oder NO

muß man nördlich von 20° S-Br. natürlich auf B-B.-Halsen beidrehen, wenn man Gewißheit hat, es mit einem Orkane zu tun zu haben. Auch südlich von 20° S-Br. muß man dabei vorsichtig sein und auf B-B.-Halsen beidrehen, wenn das Barometer die Annäherung an das Orkanzentrum anzeigt.

Bei Winden aus dem westlichen Halbkreise,

dem weniger gefährlichen, weil man an der Nordseite des Sturmfeldes steht, drehe man auf St-B.-Halsen bei.

Auf den Wegen nach Norden. Im östlichen Teile des Ozeans kommen von Anfang Januar bis Mitte Mai, am häufigsten im Februar und März, Stürme vor, die mitunter zu vollen Orkanen anwachsen. Sie treten fast nur zwischen etwa 5° und 20° S-Br., meistens in etwa 14° S-Br. auf. Ihre Marschrichtung ist unsicher; gewöhnlich schreiten sie bis nach etwa 20° S-Br. in einer Richtung zwischen Süd und West fort. In niedrigen Breiten mehr nach West, in höheren mehr nach Süd, doch biegen manche Bahnen auch schon in 10° S-Br. nach Südost, sie können sogar von vornherein eine Richtung östlich von Süd haben. Bei solcher Unsicherheit lassen sich nur die folgenden allgemeinen Angaben machen; sie gelten auch für Schiffe, die auf der Westseite des Ozeans nach Norden wollen.

Wenn ein Schiff den Wind aus einer Richtung zwischen Ost und Süd hat, sich also im südwestlichen Sturmviertel befindet, so ist seine Lage am schwierigsten, weil es auf dem Wege nach Norden in den Sturm hineinläuft, wenn dessen Bahn ihre gewöhnliche Richtung hat. Deshalb dürfte es, wenn Fallen des Barometers und sonstige Anzeichen das Herannahen eines schweren Sturmes erwarten lassen, bei südöstlichem Winde stets am richtigsten sein, zunächst unter kleinen Segeln beizulegen und eine Drehung des Windes abzuwarten. Holt der Wind dann östlicher oder bleibt er stetig aus derselben Richtung, so lege man das Schiff auf Backbordhalsen, weil dann das Sturmzentrum wahrscheinlich nördlich und westlich vom Schiffe vorüberziehen wird. Holt der Wind südlicher, so lege man auf Steuerbordhalsen bei oder nehme seinen nördlichen Kurs wieder auf. Ist in niedrigen Breiten der Wind von vornherein östlicher als SO, so darf man eher ein Östlicherholen, ist er in höheren Breiten südlicher als SO, so darf man eher ein Südlicherholen des Windes erwarten.

Ist der Wind westlich von Süd, so darf man wohl stets seinen nördlichen Kurs verfolgen, ohne Gefahr zu laufen, dem Sturmzentrum zu nahe zu kommen. Selbst bei SSO-Wind dürfte es, zumal in 20° und höheren Breiten, und wenn das Barometer nicht rasch fällt, oder schon vorher eine Drehung des Windes nach rechts stattgefunden hat, in vielen Fällen möglich sein, am Zentrum vorüber zu lenzen und so die Reise zu fördern. Aber man muß sich dabei vergegenwärtigen, daß man den Wind etwas von Backbord einhalten muß, um den Abstand vom Sturmzentrum durch die Fahrt des Schiffes zu vergrößern. Z. B. steuere man bei Südwind nicht Nord, sondern NNW bis NW. Ferner bedenke man, daß Fallen des Barometers stets Annäherung an das Sturmzentrum, Steigen des Barometers stets Entfernung davon bedeutet. Auch wenn der Wind östlicher als SSO ist, kann man deshalb bei steigendem oder nur stehendem Barometer einen zur Förderung der Reise dienlichen Kurs steuern; immer natürlich unter Anwendung gehöriger Vorsicht und unter Beachtung jeder Änderung des Windes und des Barometerstandes. Verläuft das Manöver, wie es soll, so wird mit dem Fortschreiten des Schiffes nach Nordwest und Nord der Wind bei steigendem Barometer allmählich durch Süd und westlicher holen und zugleich mehr und mehr an Stärke abnehmen, falls man tatsächlich mit einem Wirbelsturm zu tun hat.

Setzt der Sturm aus einer Richtung nördlich von Ost ein, so ist es am wahrscheinlichsten, daß man sich auf der linken Seite der Bahn befindet und der Wind durch N nach NW drehen wird. Deshalb ist es am richtigsten, das Schiff auf B-B.-Halsen beizulegen. Läßt das Verhalten des Barometers und des Wetters das Hereinbrechen eines schweren Sturmes befürchten, so empfiehlt es sich, bei solchem Winde die Fahrt nach Nord und Nordwest nicht zu lange fortzusetzen, weil man sonst zu nahe an die Sturmbahn gerät. Immerhin ist nicht ganz ausgeschlossen, daß die Sturmbahn so östlich ist, daß man bei Wind aus O oder ONO auf der rechten Seite davon bleibt. Sobald man das sicher erkannt hat, darf man seinen Kurs wieder aufnehmen.

Bei Winden aus dem westlichen Halbkreis ist die Lage für ein nordwärts bestimmtes Schiff am ungefährlichsten. Es steht dann an der Nordseite des Sturmfeldes, das sich erfahrungsgemäß nie nach Norden bewegt, und man entfernt sich auf nördlichen Kursen immer vom Zentrum.

Auf Reisen von Süd nach Nord in australischen Gewässern. Im Südwesten, Süden und Osten der größeren Inselgruppen ist die Marschrichtung vermutlich SO, die Geschwindigkeit 10 bis 15 Sm in der Stunde.

Bei Südost- bis Ostwind

pflegt der Passat allmählich zum Sturm anzuwachsen. Bei verhältnismäßig hohem Barometerstande, geringem Fallen und stetigem Sturme drehe man auf B-B.Halsen bei. Bei tieferem Barometerstande, entschiedenem Fallen und um OSO wechselnder Windrichtung drehe man auf St-B.-Halsen bei.

Bei Nordostwind,
wenn man mit östlichen Winden Kurs gesteuert hat, bis der Wind nordöstlich und stürmisch geworden ist, so drehe man auf B-B.-Halsen bei, wenn das Barometer schnell fällt. Ein Dampfer, der noch dagegen angehen kann, steuere östlicher als Nord.

Bei Südwind,
wenn der Passat schnell nach Süd herumgeht und schnell zum Sturme wird, so drehe man auf St-B.-Halsen bei; ändert sich das Wetter langsam, so halte man nach Nordwesten ab.

Im Korallenmeer. Auf dem Wege westlich vom Bampton-Riff und den Salomon-Inseln besteht weniger Orkangefahr, als auf dem Wege östlich vom Bampton-Riff. Ist man auf diesem Wege (der für gewöhnlich vorzuziehen ist) und mehren sich die Anzeichen eines Orkanes bei Neu-Caledonien, so gehe man, auch wenn es noch nicht stürmisch ist,

bei Südwind
auf den Weg im Westen des Bampton-Riffes über. Ob man später den Weg westlich oder östlich von den Salomon-Inseln nehmen sollte, entscheidet sich dann in niedrigen Breiten.

Bei Südostwind.
Wenn man sich, um Seeraum zu gewinnen, erst in etwa 20° S-Br. und 162° O-Lg. entschließt, nach Nordwesten abzuhalten, so wird man sich auch klar geworden sein, ob es geraten ist, noch weiter nach WNW oder W abzuhalten, wenn man klar von den Riffen ist. Kann man, ohne beidrehen zu müssen, westlich steuern, bis der Wind auf Süd holt, dann weiter nach NW und allmählich mehr nach Norden halten, so mag dies trotz des Umweges am vorteilhaftesten sein. Die Orkane in der Umgebung von Neu-Caledonien halten lange an.

Im Norden der Inseln ist die Marschrichtung der Orkane SW bis SO. Man halte sich bei unsicherem Wetter mitten zwischen den größeren Gruppen.

Bei nördlichen Winden
drehe man auf B-B.-Halsen bei,

bei südlichen Winden
halte man nach Nordwesten ab. Je mehr man sich dabei der Linie Mallecollo—Rotuma—Oatafu (etwa 16° S-Br. in 168° O-Lg. bis 9° S-Br. in 170° W-Lg.) nähert, desto geringer wird die Gefahr.

Auf Reisen von Nord nach Süd. Wenn man es mit einem ausgebildeten Orkan zu tun hat, so drehe man

bei Winden aus dem westlichen Halbkreise
auf B-B.-Halsen bei, wenn man noch Fahrt machen kann. Kann man keine Fahrt mehr machen, so ist es besser, auf St-B.-Halsen zu liegen. Will man auf Reisen, die später im Westwindgebiet ostwärts führen, nordwestliche Winde ausnutzen, so laufe man, so lange es geht, mit dem Winde von B-B. ein und drehe später auf B-B.-Halsen bei.

Bei nordöstlichem Winde
und langsam fallendem Barometer laufe man, so lange man kann, nach Süden und drehe dann auf B-B.-Halsen bei.

Bei südöstlichem Winde,
namentlich wenn er Neigung zeigt, östlicher zu holen, drehe man auf B-B.-Halsen bei. Holt der Wind südlicher oder ist er von vornherein ziemlich südlich, so ist es am besten, auf St-B.-Halsen beizudrehen.

Vgl. auch „Grundlagen zum Manövrieren usw." Seite 22.

Orkane im Golf von Bengalen.

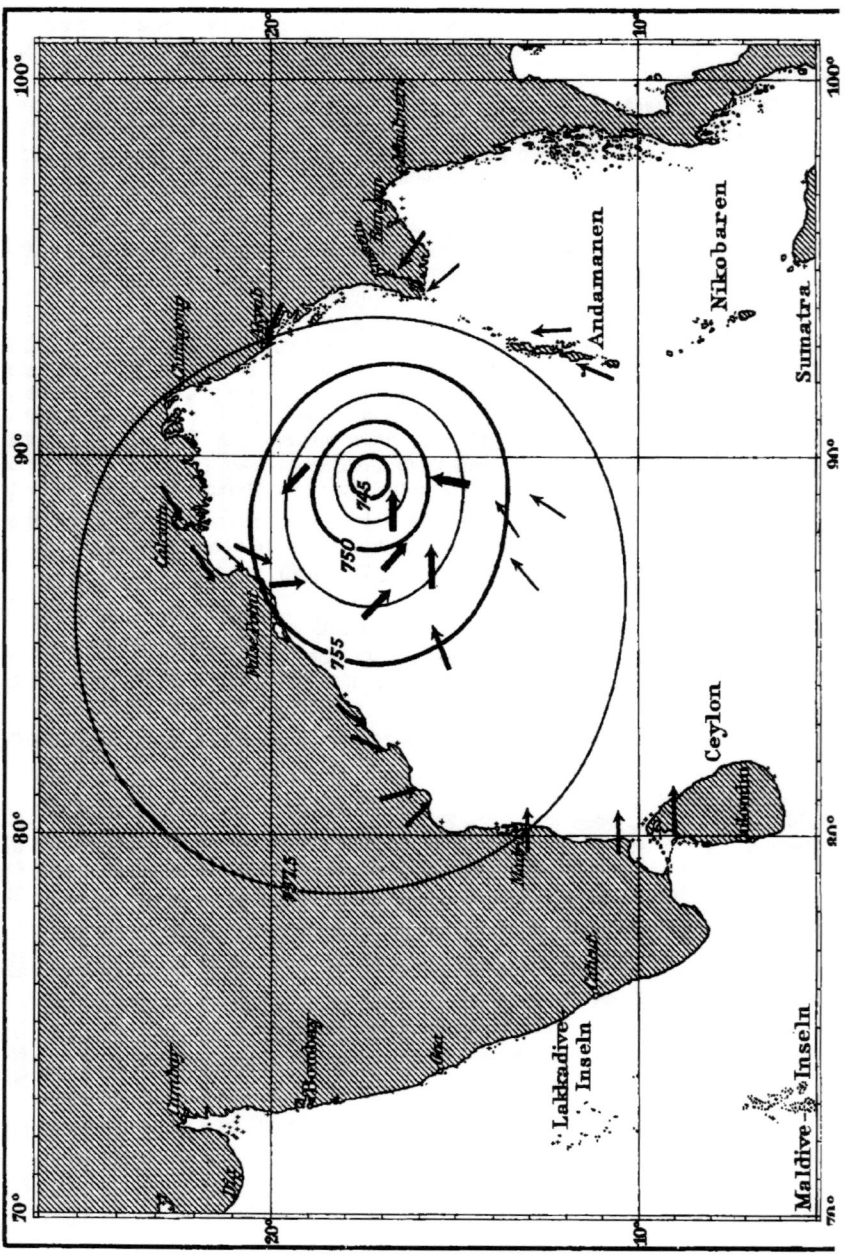

Im Golf von Bengalen verteilen sich die Orkane aufs Hundert berechnet wie folgt: Januar 2%, Februar 0, März 2%, April 8%, Mai 18%, Juni 9%, Juli 3%, August 4%, September 5%, Oktober 27 %, November 14% und Dezember 8%; Mai, Oktober und November sind also die Haupt-Orkanmonate. Das Hauptverbreitungsgebiet der Orkane, wenn sie auch mitunter ziemlich nahe am Äquator auftreten, ist die Mitte und noch mehr der nördliche Teil des Golfes. Hier sind sie im Mai am häufigsten; im Oktober entstehen sie meist zwischen 14° und 18° N-Br., im November weiter südlich. Die Herbstorkane geben durch das Barometer nur wenig Warnung, dagegen werden die Maiorkane gewöhnlich schon mehrere Tage vorher durch Fallen des Barometers eingeleitet. Anzeichen eines kommenden Sturmes sind: starker, mit Böen zunehmender Wind, trüber Himmel und niedrige, schnell ziehende Regenwolken, anhaltender Staubregen und lange Dünung aus einer Richtung 8 bis 12 Striche rechts von der Windrichtung. Nordostwind im Mai ist fast immer der Vorläufer eines Orkans.

Der in der nebenstehenden Zeichnung dargestellte Herbstorkan bildete sich schon am 19. September in der Nähe der nördlichsten Andamanen-Insel und bewegte sich in nordwestlicher Richtung, erst langsam, dann schneller, bis er sich am 23. September über dem Lande auflöste. Die Figur zeigt ihn am 21. September. Am folgenden Tage erreichte er die Orissa-Küste bei False-Point, wo in der windstillen Mitte ein Barometerstand von nur 689 mm beobachtet wurde. Ein so geringer Luftdruck — 70 mm unter dem Mittel — gehört zu den äußersten Seltenheiten. Das Barometer fiel in $4^2/_3$ Stunden 56.5 mm, also stündlich 12 mm. Die Marschgeschwindigkeit betrug 11.3 Sm stündlich. Daraus würde sich ein Gradient von 63.7 mm ergeben oder ein Fall von 1 mm für jede Sm in der Umgebung der Mitte. Ein ähnlich hoher Wert ist bisher niemals beobachtet worden. Der Orkan hatte nur etwa 100 Sm, und seine windstille Mitte hatte etwa 8 Sm Durchmesser. An der Orissa-Küste drang eine 5 bis 7 m hohe Orkanwelle weit landeinwärts, war aber glücklicherweise auf die unmittelbare Umgebung der Mitte des Orkanes beschränkt.

Gewöhnlich bewegen sich die Wirbelstürme im Golf in einer Richtung zwischen W und N, am häufigsten nach NW und NNW; doch kommen auch Orkane vor, die zuerst NNW-wärts ziehen, oben im Golf aber nach NNO und NO umbiegen und die Arakan-Küste bei Akyab oder nördlicher erreichen. Da demzufolge immer Ungewißheit über die Marschrichtung der Orkane besteht, so ist die gefährlichste und unsicherste Stellung für ein Schiff die, wo es den Wind bei Beginn des Sturmes aus einer Richtung zwischen ONO und N hat; denn hier weiß man nicht, ob man sich rechts oder links von der Bahn oder recht darin befindet.

Verhalten für Segler und schwache Dampfer.

Wenn der Sturm aus einer Richtung zwischen ONO und N anfängt, so dürfte es am besten sein, auf St-B.-Halsen beizudrehen und eine Änderung des Windes abzuwarten. Dreht er sich nach rechts oder bleibt er unverändert und ist er zugleich östlicher als NO, so bleibe man auf St-B.-Halsen beigedreht. Das ist entschieden am richtigsten, wenn der Wind östlicher als ONO ist, weil man dann höchst wahrscheinlich auf der rechten Seite der Bahn bleiben wird. Wenn der Wind, während man beigedreht liegt, unverändert aus NO oder NNO bleibt, oder, nachdem er längere Zeit aus diesen Strichen geweht hat, schließlich noch nördlicher holt, wird voraussichtlich das Zentrum über das Schiff hinweg oder sehr nahe östlich davon vorüber gehen. Wenn es dann noch möglich ist, kann man den Versuch machen, nach einer Richtung zwischen W und SW zu lenzen. Hat dabei das Barometer angefangen zu steigen und hat sich der Wind nach links gedreht, so muß man auf B-B.-Halsen beidrehen, falls man nicht weiter lenzen will.

Das sonst oft aussichtslose Vorüberlenzen am Zentrum wird im Golf von Bengalen dadurch erleichtert, daß die Orkane dort manchmal langsam fortschreiten, oder wenn sie rascher ziehen, meist von geringer Ausdehnung sind. Fällt das Barometer rasch, so kann der Versuch, vorüber zu lenzen, nicht empfohlen werden. Es ist dann besser, beigedreht zu bleiben. Man wird in der Wahl der Halsen voraussichtlich das Richtige treffen, wenn man annimmt, daß im südlichen Teile und in der Mitte des Golfes Winde aus N bis NNO, nördlich von 16° N-Br. aber Winde aus NO bis ONO recht vor dem Zentrum wehen.

Wenn man den Wind gleich anfangs so nördlich hat, daß die Zweckmäßigkeit des Beidrehens auf B.-B.-Halsen keinem Zweifel unterliegt, so empfiehlt es sich, ebenfalls den Abstand vom Zentrum durch Lenzen zu vergrößern, ehe man auf B-B.-Halsen beidreht. Beim Lenzen muß man — wie immer auf N-Br. — den Wind einige Strich von St-B. einhalten, um seinen Abstand vom Zentrum zu vergrößern.

Bei westlichen und nordwestlichen Winden

— links von der Bahn der Orkane — ist es zweifellos am richtigsten, auf B-B.-Halsen beizudrehen. Unter Umständen, namentlich wenn man mit einem Orkan zu tun hat, der seinen Ort wenig ändert, kann man die Reise fördern, wenn man erst östlich und später nördlicher steuert, um in die südlichen Winde an der hinteren Seite des Orkanes zu kommen. Dabei darf man aber dem Zentrum nicht zu nahe kommen; fällt der Luftdruck, so muß man südlicher, steigt der Luftdruck und wird das Wetter etwas handlicher, so darf man nördlicher steuern.

Nach Bassein, Rangoon oder Moulmein bestimmte Schiffe gehen der Orkangefahr größtenteils aus dem Wege, wenn sie östlich von den Nikobaren und Andamanen nach Norden steuern. Wenn sie hier in ein Sturmfeld hineingeraten, so ist es gewöhnlich dessen Rückseite, wo die Gefahr gering ist und zur Fahrt nach Norden günstige Winde wehen.

Grundlagen zum Manövrieren in Orkanen s. Seite 22.

Orkane im Arabischen Meer.

Orkane sind im Arabischen Meere im allgemeinen selten. In 242 Jahren, von 1648 bis 1889, sind nur 54 bekanntgeworden.

Sie können sich nicht bilden, wenn die Monsune auf dem ganzen Arabischen Meere durchstehen und treten nur beim Monsunwechsel auf, verhältnismäßig am häufigsten von April bis Juni, ehe der Südwest-Monsun durchsteht, seltener im Oktober und November vor dem Nordost-Monsun. Die nebenstehende Zeichnung stellt den Aden-Orkan dar, dem S. M. S. „Augusta" mit der ganzen Besatzung zum Opfer gefallen ist. Er zog Ende Mai und Anfang Juni 1885 mit 10 Sm stündlicher Geschwindigkeit nördlich von Sokotra entlang und richtete sehr viel Schaden an, weil bis dahin noch nicht bekannt war, daß Orkane im Golf von Aden vorkommen und mehrere Schiffe offenbar nur deshalb in seine gefährliche Mitte gerieten. Gleich östlich vom Orkangebiet wurden wieder westliche Winde beobachtet, die zum Südwest-Monsun gehören. Man erkennt daran, wie scharf die hintere Grenze des Orkans war. Westlich vom eigentlichen Orkangebiet, aber noch innerhalb der 755 mm-Isobare bei Obock, Perim und im Eingang zum Roten Meer, wehten noch mäßige südliche Winde. Obwohl der Luftdruck schon stark gefallen war, zeigten die Winde hier noch von der Mitte des Orkans weg. Erst etwas später, beim weiteren Vorrücken des Orkans nach Westen, gingen sie auch hier nach W und NW herum.

Anweisungen für die gewöhnlichen Dampferwege zwischen Aden und Colombo.

Auf Reisen von West nach Ost.

Bei nordöstlichen Winden

befindet man sich im nordwestlichen Viertel des Sturmfeldes, und dessen Mitte kann sich recht auf das Schiff zu bewegen; es kann aber auch südlich oder östlich vom Schiffe entlang ziehen. Vielleicht kann man durch Abwarten Sicherheit über die Marschrichtung des Orkans gewinnen und dann dementsprechend handeln; es ist aber auch möglich, daß man die volle Wut des Sturmes über sich ergehen lassen muß.

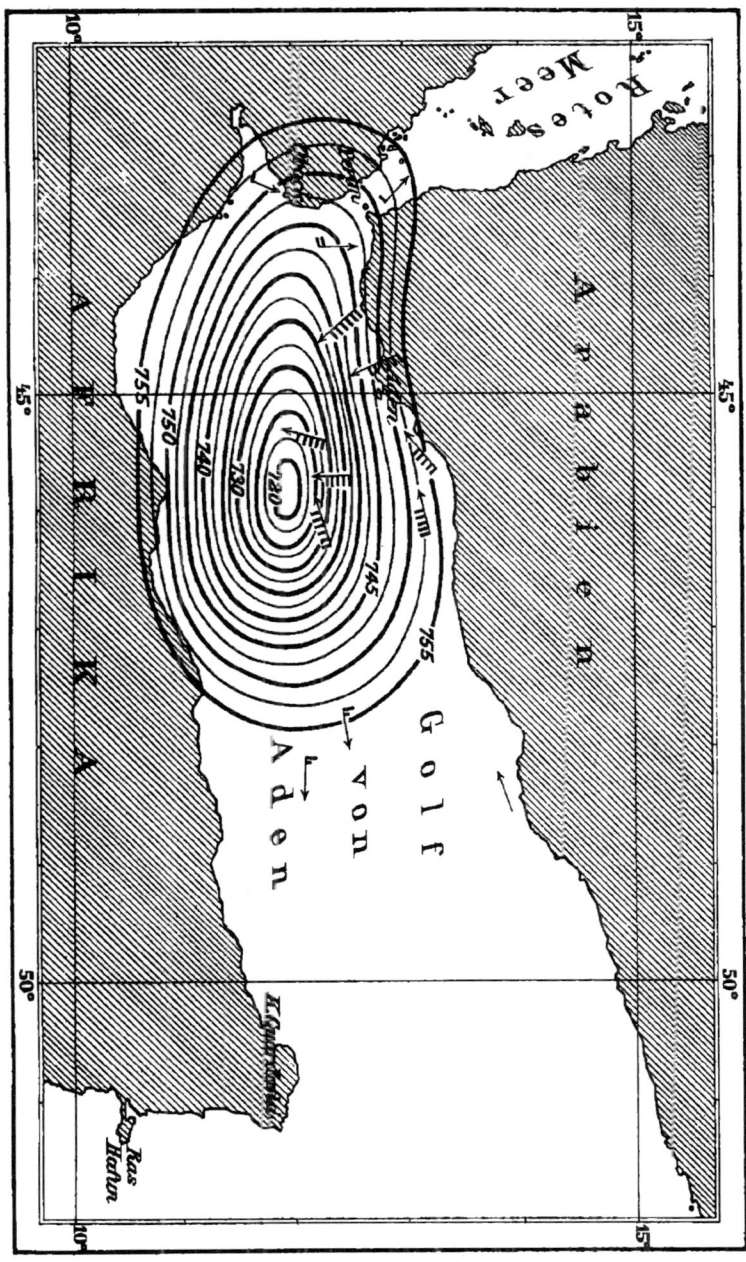

Bei nordwestlichen Winden,
also wenn man zuerst in das südwestliche Viertel des Orkans kommt, steuere man sofort nach Süden, bis das Wetter besser wird.

Auf Reisen von Ost nach West.

Bei südöstlichen Winden,
d. h. wenn man zuerst in das nordöstliche Viertel des Sturmfeldes kommt, fördert man zwar die Reise, wenn man solange wie möglich Kurs steuert, aber wenn die Marschrichtung des Orkanes nördlich von West ist, so nähert man sich dabei seiner Bahn und läuft Gefahr, in die Mitte selbst oder in deren gefährliche Nähe zu geraten und die volle Wut des Sturmes über sich ergehen lassen zu müssen. Deshalb ist es ratsam, beizeiten beizudrehen und, wenn der Luftdruck dann nicht steigt, südostwärts zu steuern, bis der Wind westlich von Süd holt. Dann verfahre man wie bei südwestlichem Winde.

Bei südwestlichem Winde,
im südöstlichen Viertel des Sturmfeldes, ist die Lage am einfachsten. Man steuere südlich, bis das Wetter besser wird.

Grundlagen zum Manövrieren in Orkanen s. Seite 22.

Taifune

nennt man die Wirbelstürme der ostasiatischen Gewässer. Im Südchinesischen Meere kommen in jedem Monat Taifune vor, sie sind aber seltener von Dezember bis etwa Mai und häufiger von Juni bis November. In dieser Zeit folgen sie oft schnell aufeinander, namentlich im August und September, und besonders zur Zeit der Tag- und Nachtgleiche. Am häufigsten beobachtet sind Taifune in der Umgebung von Luzon und Hainan und südwestlich von Japan.

Häufigkeit. Nach Pater Algué sind von 1880 bis 1901 im Südchinesischen Meere 468 Taifune beobachtet worden, die sich folgendermaßen verteilen:

	Jan.	Febr.	März	April	Mai	Juni	Juli	Aug.	Sept.	Okt.	Nov.	Dez.	Jahr
1880	—	—	—	—	—	2	4	2	2	1	—	—	11
81	—	—	—	—	2	1	3	4	4	3	3	1	21
82	—	—	—	1	—	—	3	—	2	2	1	2	11
83	—	—	1	1	3	1	3	4	4	4	1	—	22
84	1	—	—	1	2	1	4	5	4	—	2	2	21
85	—	—	—	1	—	2	2	2	1	1	1	1	11
86	—	—	—	1	1	2	—	3	4	3	1	1	16
87	—	—	1	3	3	1	5	2	7	3	3	—	28
88	—	—	—	1	—	2	4	3	3	1	1	1	16
89	—	—	—	—	—	—	2	3	2	4	1	2	14
90	1	—	—	—	1	5	4	2	7	6	1	—	27
91	—	—	—	1	2	2	7	5	6	—	4	1	28
92	1	—	—	—	—	3	4	4	5	2	3	2	24
93	2	—	—	—	2	1	3	4	6	3	2	1	24
94	—	—	—	—	4	3	5	3	5	5	6	3	34
95	1	—	—	—	1	4	2	3	5	3	5	—	24
96	—	—	—	—	1	2	4	4	5	4	—	—	20
97	—	—	—	—	—	2	6	2	3	5	2	—	20
98	—	—	1	—	2	3	3	6	4	3	2	1	25
99	—	—	—	1	1	1	4	3	4	2	4	1	21
1900	—	—	—	—	—	3	1	5	3	3	4	4	23
01	2	2	2	—	—	2	3	3	2	6	3	2	27
In 22 Jahren	9	2	5	10	25	41	74	74	88	65	51	24	468
Jahresmittel.	0.4	0.1	0.2	0.5	1.1	1.9	3.4	3.4	4.0	2.9	2.3	1.1	21.3

In Hongkong sind in 14 Jahren 244 Taifune beobachtet worden, nämlich von

	Jan.	Febr.	März	April	Mai	Juni	Juli	Aug.	Sept.	Okt.	Nov.	Dez.	Jahr
1886 bis 1899	1	0	1	4	10	24	45	43	57	31	22	6	244
Jahresmittel.	0.1	0	0.1	0.3	0.8	1.1	3.1	3.0	4.0	2.2	1.9	0.4	17.4

Entstehungsgebiete. Die Taifune entstehen im westlichen Stillen Ozean zwischen den Philippinen und den Marianen oder südöstlich von den Philippinen. Einzelne entstehen auch südlich von Luzon, in der Sulu-See oder im Gebiet der Mindoro-Straße, oder westlich von Luzon im Südchinesischen Meere. Nach Monaten verteilen sich die Entstehungsgebiete folgendermaßen:

Im Dezember, Januar, Februar und März entstehen die Taifune zwischen 5 und 12° N.-Br. und treffen das Festland zwischen 8 und 15° N.-Br.

Im April, Mai, Oktober und November entstehen sie zwischen 6 und 17° N.-Br. und treffen das Festland zwischen 12 und 23° N.-Br.

Im Juni, Juli, August und September entstehen die Taifune zwischen 8 und 20° N.-Br. und treffen das Festland zwischen 18 und 30° N.-Br.

Taifunbahnen verlaufen nach Pater Algué östlich von den Philippinen im Stillen Ozean fast ausnahmslos mit wenig Krümmung in einer sehr westlichen Richtung. Auf der Breite von Manila biegen sie dann gewöhnlich schnell nach Nord und dann nach Nordost. Im Südchinesischen Meere dagegen hat von Dezember bis März kein Taifun eine so gekrümmte Bahn. Im April, Mai, Oktober und November biegen einzelne Taifunbahnen, im Juni, Juli, August und September biegen die meisten um und erreichen dann höhere Breiten.

Im Dezember, Januar, Februar und März behalten die Taifunbahnen ihre Anfangsrichtung WzN auf dem Südchinesischen Meer und die Sturmmitten erreichen das Festland, im Dezember und Januar in Cochinchina oder Süd-Anam, im Februar und März etwas nördlicher, d. h. fast nur in Süd-Anam.

Im April und Mai ist die mittlere Richtung der Bahnen auf dem Südchinesischen Meere NWzW; die April-Taifune erreichen das Festland nördlich von Anam, die Mai-Taifune dringen in den Golf von Tonking ein, und gegen Ende Mai treffen einige noch nördlicher, zwischen der Hainan-Straße und Hongkong auf die Küste.

Im Juni haben die Taifunbahnen auf dem Südchinesischen Meere durchschnittlich die Richtung NW; sie erreichen das Festland meistens zwischen der Hainan-Straße und Breaker-Huk.

Im Juli und August ziehen die Taifune auf dem Südchinesischen Meer anfangs ebenfalls nach NW und einige treffen auch die Küste wie die Juni-Taifune, andere wandern zwischen Amoy und Schanghai an der Küste entlang und zum Teil nordöstlich nach dem Gelben Meere weiter; noch andere biegen querab von Formosa nach dem Japanischen Meere um.

Im September haben die Taifunbahnen im Norden des Südchinesischen Meeres anfangs die Richtung NWzW, treffen meistens auf die südchinesische Küste oder biegen querab von Formosa nach dem Japanischen Meere um.

Im Oktober, namentlich in den ersten Tagen, reichen die Taifune nordwärts bis Hongkong, später treffen sie die Küste südlicher, sogar südlich vom Golf von Tonking. Ihre Anfangs-Richtung ist WNW.

Die November-Taifune ziehen auf dem Südchinesischen Meere anfangs nach WzN und treffen die Anam-Küste. Die Küste von China hat wahrscheinlich noch kein November-Taifun erreicht.

Ausnahme-Bahnen. Im September 1892 bog ein Taifun, der Nord-Formosa in westlicher Richtung überschritten hatte, nach Südwesten und zog östlich von Amoy und der Insel Hainan vorüber. Im September 1895 bog ein Taifun, nachdem er Süd-Formosa in nordwestlicher Richtung überschritten hatte, links ab und zog vor Amoy vorüber nach Südwesten. Im November 1894 bog eine Taifunbahn schon mitten im Südchinesischen Meere auf der Breite von Manila ostwärts um.

Die Angaben des Pater Algué dürfen daher nur als allgemeine Richtlinien dienen.

Marschgeschwindigkeit. Während ihrer Entwicklung und oft auch in den ersten Tagen schreiten die Taifune langsam fort. Die Westwärts-Bewegung in den Tropen pflegt viel langsamer zu sein, als das Fortschreiten nach NO in höheren Breiten. Die durchschnittliche Marschgeschwindigkeit beträgt:

nach englischen Angaben

N.-Br.	11°	13°	15°	20°	25°	30°	32½°
Sm stündlich	5	6½	8	9	11	15	6 bis 35

nach Pater Algué

südlich von Manila	Dez. u. Jan.	April u. Mai	Juni bis Sept.	Okt. u. Nov.	Mittel
Sm stündlich	4 bis 13	3 bis 16	4 bis 14	4 bis 14	8½
westlich von den Philippinen nördlich von Manila	3 bis 14½ Sm im Mittel 7 Sm stündlich 6 „ 27 „ 10 „ „				

Durchmesser der Taifune wahrscheinlich mindestens 80 bis 100 Sm und bei ganz großen Taifunen höchstens 400 bis 500 Sm.

Verhalten für Segler und schwache Dampfer im Südchinesischen Meere.

Diese Angaben sind mit Rücksicht auf Ausnahme-Bahnen, immer nur unter Beachtung der besonderen Umstände, namentlich des Verhaltens des Barometers und der Richtung oder der Richtungsänderung des Windes anzuwenden.

Nordostwärts bestimmte Schiffe geraten am leichtesten in die vordere Seite eines Taifunes.

Haben sie den Wind aus NW oder westlicher, so ist die Gefahr nicht groß, denn sie befinden sich wahrscheinlich an der linken Seite der Bahn. Sie sollten beizeiten auf B-B.-Halsen beidrehen und besseres Wetter abwarten. Ist der Wind südwestlich geworden, so kann man seinen nordöstlichen Kurs wieder aufnehmen, aber vorsichtig. Sicherer ist es den Wind beim Lenzen einige Strich von St-B. einzuhalten. Gelingt es nicht, damit das Barometer zum Steigen zu bringen oder hat man keinen Seeraum, so drehe man wieder auf B-B.-Halsen bei.

Man kann auch schon bei Nordwestwind lenzen und um das Sturmfeld herum laufen, falls die geringe Änderung des Luftdruckes, während man beigedreht liegt, darauf schließen läßt, daß sich das Sturmfeld wenig fortbewegt. Man muß den Wind beim Lenzen aber stets einige Striche von St-B. einhalten und auf den Luftdruck achten.

Hat man den Wind von vornherein südlich, so laufe man nach NO, aber vorsichtig.

Ist der Wind NO oder östlicher, so steuere man nach Norden so lange man kann, und drehe dann auf St-B.-Halsen bei.

Auf dem Wege von der Ostseite der Philippinen nach Hongkong kann man, falls sich das Sturmzentrum langsam oder in nördlicher Richtung bewegt, bei NO oder östlicherem Winde zu nahe an das Taifunzentrum kommen. Man sollte deshalb beizeiten auf St-B.-Halsen beidrehen und jedenfalls Nördlicherholen des Windes und Fallen des Luftdruckes als Warnung nehmen. Andrerseits soll man sich hier aber auch nicht ängstigen lassen, wenn der NO-Passat stürmisch ist, aber keine größeren Barometerschwankungen stattfinden.

Wenn man den Wind aus NOzN bis NNW hat ist die Lage am unsichersten. Ist der Wind östlich von N, so wird es am ratsamsten sein auf St-B.-Halsen beizudrehen, weil der Wind wahrscheinlich doch noch durch Ost nach rechts hin umlaufen wird. Nur wenn sich der Wind über Nord hinweg tatsächlich entschieden nach links dreht, kann man — falls es noch möglich ist — mit dem Winde von St-B. nach SW laufen, bis der Wind NW geworden ist. Ist er NW geworden, so befindet man sich auf der linken Seite der Sturmbahn und sollte auf B-B.-Halsen beidrehen.

Beginnt ein Taifun aus N bis NNW, so ist es wahrscheinlich am besten von vornherein nach SW zu lenzen, bis man einen sichern Abstand von der Bahn gewonnen hat.

Aus dem Vorstehenden ergibt sich für südwärts bestimmte Schiffe: Bei der gewöhnlichen Marschrichtung der Taifune ist es mitten im Südchinesischen Meere in der Umgebung von etwa 18°N-Br. am gefährlichsten,

wenn man den Wind aus NOzN bis N hat,

weil man dann nicht weiß, ob man sich in der Bahn des Zentrums oder rechts oder links davon befindet. Fällt unter solchen Umständen das Barometer langsam, so ist das ein Zeichen, daß sich der Taifun langsam nähert, und wenn man Seeraum hat, darf man versuchen vor seiner Bahn vorüber zu lenzen, wobei man den Wind gut 4 Strich von St-B. einhalten sollte. Dreht sich dabei der Wind nach links, so hat man Aussicht auf Erfolg, doch besteht noch immer Gefahr sehr nahe an das Zentrum zu kommen, so lange der Wind nicht westlicher als NNW ist. Holt der Wind dagegen beim Lenzen nach rechts, d. h. östlicher, so drehe man ohne Verzug auf St-B.-Halsen bei. Auch wenn der Wind seine Richtung nicht ändert und namentlich wenn diese NNO oder östlicher ist, ist es wahrscheinlich am besten auf St-B.-Halsen beizudrehen. Fällt das Barometer schnell, so sollte man bei NNO oder östlicherem Winde sogleich auf St-B.-Halsen beidrehen. Bei NzO- bis N-Wind kann man versuchen, auf die linke Seite der Sturmbahn zu kommen, indem man den Wind 4 Strich von St-B. einhält.

Ist der Wind von vornherein westlicher als Nord, so kann man wohl immer ohne Gefahr mit dem Winde von St-B. ein lenzen. Ist der Wind von vornherein NO oder östlicher, so drehe man auf St-B.-Halsen bei.

In höheren Breiten, wo die Taifunbahnen eine nördliche und selbst nordöstliche Richtung haben, verschieben sich die kritischen Windrichtungen nach rechts und liegen zwischen ONO und NNO oder gar zwischen O und NO. Außerdem kommen überall Abweichungen von den gewöhnlichen Sturmbahnen vor.

Manövertafel für das Südchinesische Meer.

Nur bei gewöhnlichen, nicht bei Ausnahme-Bahnen anwendbar.

Nordwärts bestimmte Segler und schwache Dampfer	Anfangs-Windrichtung	Südwärts bestimmte Segler und schwache Dampfer
auf B-B.-Halsen beidrehen oder mit dem Winde von St-B. ein lenzen	NW oder westlicher	mit dem Winde von St-B. ein lenzen
vorsichtig mit dem Winde von St-B. ein lenzen	SW oder südlicher	beidrehen oder (noch besser) nach Süd steuern
auf St-B.-Halsen beidrehen, oder die Reise vorsichtig fortsetzen	SO oder östlicher	auf St-B.-Halsen beidrehen oder nach Südosten steuern
auf St-B.-Halsen beidrehen, oder die Reise vorsichtig fortsetzen	NO oder östlicher	auf St-B.-Halsen beidrehen oder die Reise vorsichtig fortsetzen
unsicherste Lage vor der Bahn	NOzN bis NNW	unsicherste Lage vor der Bahn
auf St-B.-Halsen beidrehen oder, wenn der Wind entschieden Neigung hat nach links zu holen, mit dem Winde von St-B. ein lenzen	NOzN bis NzO	mit dem Winde von St-B. ein lenzen, es sei denn, der Wind hole entschieden nach rechts; in diesem Falle auf St-B.-Halsen beidrehen.
mit dem Winde von St-B. ein lenzen und später, wenn der Wind nordwestlich geworden ist, auf B-B.-Halsen beidrehen	N bis NNW	mit dem Winde von St-B. ein lenzen.

Die vorstehenden Anweisungen gelten nur für gewöhnliche Taifunbahnen im Südchinesischen Meere, südlich von 22° N-Br. In höheren Breiten, wo die Taifune nach Nord bis Nordost ziehen, sind auch die unsicheren (kritischen) Windrichtungen, d. h. die, bei denen sich ein Schiff vermutlich recht vor der Bahn des Taifuns befindet, anders, wie die folgende Tabelle zeigt:

Ein Schiff befindet sich vermutlich recht in der Bahn des Taifunes bei den folgenden kritischen oder unsicheren Windrichtungen.	Südlich von 22° N-Br.	22 bis 25° N-Br.	25 bis 28° N-Br.	Nördlich von 28° N-Br.
	NOzN bis NNW	ONO bis NzO	O bis NOzN	SOzO bis ONO

Danach liegen die kritischen Windrichtungen
  in 22 bis 25° N-Br. etwa 3 Strich rechts
  „ 25 bis 28°   „   „ 5   „   „
  nördlich von 28° „   „ 8   „   „
von den kritischen im Südchinesischen Meere, und man kann die Manövertafel für das Südchinesische Meer auch wohl in höheren Breiten zu Rate ziehen, wenn man die Windrichtungen um 3, 5 oder 8 Strich nach rechts verschiebt. Man darf dabei aber nicht vergessen, daß die Marschgeschwindigkeit der Taifune gewöhnlich mit der Breite wächst, und daß es daher in höheren Breiten stets gefährlich, wenn nicht ganz aussichtslos ist, vor dem Sturme vorüber auf die linke Seite der Sturmbahn laufen zu wollen. Auch an Vorkommen ungewöhnlicher Taifunbahnen muß man denken.

Ungewöhnliche Versetzungen bei Taifunen.

Ganz besondere Aufmerksamkeit ist bei oder in der Nähe von Taifunen auf die ungewöhnlichen Versetzungen zu richten, die diese verursachen. So sind z. B. zwei nordostwärtssteuernde Dampfer vor der Südküste von Japan am 30. Juli 1911, während nördlich von ihnen ein Taifun entlang zog, bei NW, Stärke 7, in 11 Stunden etwa 30 Sm nach Süden versetzt worden.

Grundlagen zum Manövrieren in tropischen Orkanen.

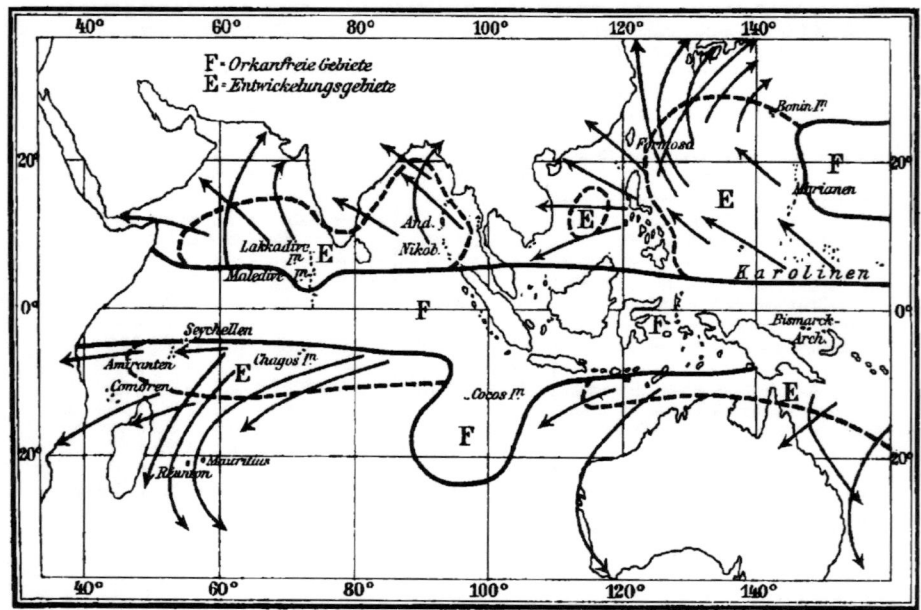

Durchschnittliche Häufigkeit der tropischen Orkane vergl. Seite 8.

Die **orkanfreien Gebiete**, die **Entwicklungsgebiete der Orkane** und ihre **Zugstraßen** sind auf der Karte oben dargestellt.

Beschreibung. Aus der Vogelschau stellt sich ein Orkan als großer, flacher Luftwirbel dar, der in den meisten Fällen länglich rund erscheint und schließlich noch unregelmäßiger wird. Dieser Luftwirbel hat einen kleinen Kern, wo Windstille herrscht, und über dem die sonst dichte Orkanwolke oft durchbrochen ist. (Das „Auge" des Orkans.) Der Kern, anfänglich von 1 bis 2 Sm Ausdehnung, nimmt mit dem Fortschreiten des Orkans an Ausdehnung zu und erreicht schließlich den 10 bis 15fachen Durchmesser. Später verwischt sich der anfänglich scharfe Übergang von Kern und Wirbel mehr und mehr.

Gleich außerhalb der windstillen Mitte wütet der Orkan an allen Seiten mit der größten Kraft, Windstärke 12, und aus allen Richtungen; mit der Entfernung von der Mitte nehmen die Windstärke und die Böen allmählich ab. Die Luft wirbelt links herum auf Nordbreite, rechts herum auf Südbreite.

Die Luftteilchen an der Meeresoberfläche nähern sich der Mitte in Spiralen. Je weiter von der Mitte entfernt und je schwächer der Wind ist, um so mehr zeigt er nach der Mitte hin, und je näher bei der windstillen Mitte, d. h. je stärker der Wind ist, um so weniger zeigt er nach der Mitte hin, bis er in unmittelbarer Nähe der Mitte oft nur noch einen halben Strich einwärts zeigt, d. h. fast die Richtung der Tangente an den Kern erreicht. Die einströmende Luft steigt im Zentrum auf und fließt in großer Höhe nach außen ab. Ein Orkan befindet sich in einem Zustande stetigen Werdens und Vergehens.

Lenkt man in einem solchen Orkan platt vor dem Winde, so nähert man sich erst mehr geradlinig, dann erst auf einem Umwege der windstillen Mitte, bis man sie erreicht. Die Spiralen des Windes sind um so gleichmäßiger, je geringer die Marschgeschwindigkeit des Wirbels ist. Nimmt die Marschgeschwindigkeit des Wirbels zu, so treten an allen Seiten Änderungen der Windrichtungen auf.

Unter sonst gleichen Verhältnissen weist der Wind in niedrigen geographischen Breiten mehr nach der Mitte hin als in größeren, und eine Küste, auch wenn sie ziemlich weit vom Orkan entfernt ist, hat die Eigenschaft, den Wind zu zwingen, mehr längs der Küste zu wehen.

Peilung der Mitte. Wenn man die ungefähre Peilung der Orkanmitte wissen will, so stelle man sich mit dem Rücken gegen den Wind, dann hat man die Mitte { auf N-Br. links / auf S-Br. rechts } von sich und meistens etwas nach vorn. Das heißt bei

Wind aus	peilt die Orkanmitte ungefähr		Wind aus	peilt die Orkanmitte ungefähr	
	auf N-Br.	auf S-Br.		auf N-Br.	auf S-Br.
N	OSO	WSW	S	WNW	ONO
NO	SSO	WNW	SW	NNW	OSO
O	SSW	NNW	W	NNO	SSO
SO	WSW	NNO	NW	ONO	SSW

Man bleibe sich aber bewußt, daß die Peilung eine veränderliche Größe ist, die von der geographischen Breite, der Windstärke und der Fortbewegung des Orkans abhängt, so daß es sich auch in offener See immer nur um eine rohe Schätzung handeln kann.

Ausdehnung, Fortbewegung, Bahnen und Orkanzeiten. Ungefähre Anhaltspunkte:

Geographische Breite	10°	20°	30°	über 30°
Durchmesser............	bis 200 Sm	bis 400 Sm	bis 600 Sm	über 600 Sm
Fortbewegung in Knoten..	5 Kn	10 Kn	15 Kn	über 15 Kn

Marschrichtung: West bis Nordwest in sehr niedrigen nördlichen Breiten } bis 15° Breite;
West bis Südwest in sehr niedrigen südlichen Breiten
Nordwest bis Nord in etwas höheren tropischen nördlichen Breiten } bis 23° Breite;
Südwest bis Süd in etwas höheren tropischen südlichen Breiten
Nord bis Nordost in der Nähe des nördlichen Wendekreises und nördlich davon;
Süd bis Südost in der Nähe des südlichen Wendekreises und südlich davon.

Manche Orkane machen alle diese Richtungsänderungen durch, andere begnügen sich mit einer oder zwei Marschrichtungen. Unregelmäßig sind die Orkanbahnen ganz im Anfang der Entstehung des Orkans, wo ihre Marschgeschwindigkeit gering, nur 1 und 2 Kn ist. Die Mitte des Wirbels pendelt dann wohl hin und her, bis die eigentliche Wanderung des Orkans mit einer nun mehr regelmäßigen Bahn beginnt. Die Entstehungsgebiete liegen vorwiegend zwischen 15° Breite und dem äquatorialen orkanfreien Gebiet, wenn dort eine Furche niedrigen Luftdrucks lagert, mithin Windstille und Mallungen herrschen, reichen aber unter denselben Voraussetzungen stellenweise weiter nach den Polen hin.

Die Hauptorkanzeiten liegen in Ostasien und bei Mauritius und Australien in den drei gleich a m höchsten Sonnenstand folgenden Monaten, sind also in Ostasien Juli, August, September, in S-Br. Janu ebruar und März. Anders im nördlichen Indischen Ozean, wo die Orkanzeiten auf die Monate d onsunwechsels fallen, also: April, Mai, Juni, und Oktober, November, Dezember.

Luftdruck. Tägliche Wellen. Innerhalb der Tropen ist der tägliche Gang des Luftdrucks w gelmäßiger als außerhalb. Er zeigt zwei Wellenberge und zwei Wellentäler; der höhere Luftdruck fä igefähr auf 10 Uhr V und 10 Uhr N der niedrigere auf 4 Uhr N und 4 Uhr V. Das Barometer fällt und ste n 2 bis 2½ mm. Wenn diese Wellen Unregelmäßigkeiten aufweisen, so ist dies ein Anzeichen ein mosphärischen Störung, die Aufmerksamkeit verdient, einerlei, ob es in einem Orkanmonat ist oder nic

Von den auf Schiffen üblichen sechs Beobachtungsstunden am Tage sind also vier so gelegen, daß m e zur Beurteilung der Luftdruckwellen benutzen kann, nämlich: Fallen: 0^h bis 4^h V und 0^h bis 4^h :eigen: 4^h bis 8^h V und 4^h bis 8^h N.

24stündige Unterschiede. Ein anderes Mittel, den Unregelmäßigkeiten des Luftdrucks in den Trop uf die Spur zu kommen, besteht darin, daß man die augenblickliche Ablesung mit der vor 24 und 48 Stund rgleicht. Man erfährt so auf die einfachste Weise, ob der Luftdruck an und für sich zu- oder abnimm ierzu kann man jede der sechs Beobachtungen benutzen. Bei den genannten Vergleichen spielt d andfehler des Instrumentes keine Rolle, es kommt nur auf die Luftdruckunterschiede an.

Doch muß man bei der Beurteilung dieser 24stündigen Unterschiede beachten, daß in den Trop s Barometer meistens etwas steigt, ehe man in die Orkanzone kommt, innerhalb deren es erst langsa inn stetiger und schließlich außerordentlich schnell fällt. Manche Orkane sind nämlich von einem Rin iheren Luftdrucks umgeben, der sich durch ruhiges, schönes Wetter mit leichten Winden und hol ärme auszeichnet.

Unterschiede gegen die Normalwerte. Einen dritten Anhalt gewährt der Vergleich des beobachtet richtigten und auf die Meeresoberfläche beschickten Luftdrucks — Tagesmittel — mit dem Durchschn s vieljährigen Mitteln für den betreffenden Meeresteil und Monat. Wenn nämlich der beobachtete Lu uck merklich tiefer ist als der normale Wert, so liegt ein Grund zu doppelter Aufmerksamkeit vor, w ch in ursprünglich flachen Tiefdruckgebieten, besonders wenn in ihnen Regen fällt und böiges Wet ngesetzt hat, Orkane entwickeln können. Hat ein solches Tiefdruckgebiet eine beträchtliche Ausdehnu i der Richtung von West nach Ost, besonders in den Breiten von 8° bis 15°, so bilden sich innerh ner solchen Furche auch wohl zwei Orkane gleichzeitig in nahezu gleicher Breite.

Normaler Luftdruck*)	Nordbreite.	Arabisches Meer, Aden—Colombo, Juni, im Westen 752, im Osten 755 mm, nach Norden abnehmend.
		Bengalischer Meerbusen, Oktober 758 mm.
		Ostasiatische Gewässer, östlich von den Philippinen und den Liukiu-Inseln im August 758 mm,
		westlich davon im August 757 mm,
	Südbreite.	Indischer Ozean im Westen, Januar und Februar 759 mm,
		Timor-See, Januar und Februar 755 mm,
		Stiller Ozean, Korallenmeer, Januar und Februar 757 mm.

Um die an Bord abgelesenen Barometerstände mit den Angaben der Luftdruckkarten, in denen der Luftdruck auch für Schwere verbessert ist, vergleichbar zu machen, ist die Ablesung an Bord um die folgende Zahl von Millimetern zu verbessern (Berichtigung für Temperatur, Schwere und Höhe des Gefäßes über Wasser = 9 m, zusammengerechnet):

Thermometer am Barometer °C		0°	8°	16°	24°	32°	40°
		mm	mm	mm	mm	mm	mm
Geographische Breite	Über 67°	+3	+2	+1			
	50° bis 67°	+2	+1	0	−1	−2	
	36° bis 50°	+1	0	−1	−2	−3	
	18° bis 36°	0	−1	−2	−3	−4	−5
	0° bis 18°				−4	−5	−6

---

*) Vergl. hierzu auch die Karten der Linien gleichen Luftdruckes auf Seite 2.

Unterschiede und tiefste Stände. Luftdruckunterschiede haben nicht überall in den Tropen diese[lbe] [B]edeutung. So ist z. B. ein Fall von 1 mm in 10° Breite als Warnung von derselben Bedeutung, wie ein [Fall vo]n 2 mm in 20° Breite, 3 mm in 30° Breite. Der tiefste jemals in einem Orkan beobachtete Luftdru[ck soll] 686 mm betragen haben; aber in den allermeisten Fällen geht er nicht unter 720 mm hinunter. D[ie hö]chsten gemessenen Windgeschwindigkeiten betrugen 50 bis 60 Meter in der Sekunde, entsprechend 97 [bis 11]6 Kn. Die Gradienten (Luftdruckgefälle auf 60 Sm) betragen gewöhnlich nicht über 5 bis 8 mm, [in ein]zelnen Fällen 15 bis 20 mm. Ein Gradient von 4 mm entspricht etwa Windstärke B 8, 5 mm B [10] [un]d 6 mm B 12.

Die ersten Anzeichen. Der Seemann darf nicht unbewußt in einen tropischen Orkan hine[in ge]raten, er muß möglichst bald wissen, um was es sich handelt und worauf es ankommt, den Sinn d[er] [W]irbelbewegung in Nord- und Süd-Breite, die Veränderlichkeit der Peilung und wovon sie abhängt, d[ie] [un]gefähre Marschrichtung und Marschgeschwindigkeit für die Gegend und Zeit der Beobachtung. Da[bei is]t es sehr wohl möglich, daß anscheinend ziemlich sichere Anzeichen versagen. Deshalb darf man si[ch ni]cht voreilig auf Manöver einlassen, die sich nachher als zwecklos herausstellen. Es wäre aber verkeh[rt, au]s den wenigen eigenen, vielleicht ungünstigen Erfahrungen den Schluß ziehen zu wollen, daß die Anzeich[en] [üb]erhaupt unzuverlässig seien. Nicht auf ein einzelnes Anzeichen kommt es an, sondern auf ihre Gesa[mthe]it und Steigerung. Man kann z. B. in der Hauptorkanzeit sehr wohl verdächtige Federwolken, auffallen[de Fa]rben bei Sonnenauf- und -untergang und ungewöhnliche Dünung mit unregelmäßigem Luftdruck beo[bac]hten, und es folgt vielleicht doch nichts, aus dem einfachen Grunde, weil der Orkan den Beobacht[er ni]cht erreicht. In einem anderen Falle beobachtet man vielleicht umlaufende Winde mit Regenschauer[n], [di]e allmählich in Regen übergehen, erst leichten, dann schweren; leichte Böen treten auf und nehmen z[u,] [di]e täglichen Luftdruckwellen behalten ihre Regelmäßigkeit noch bei, der Luftdruck sinkt aber stetig u[nd is]t einige mm unter dem Normalwert. Ehe man sichs versieht, setzt sich der Wind in einer Richtu[ng] [fe]st und weht mit Stärke 9, 10 und 11. Man hat eine Entwicklung mitgemacht und es zunächst gar nic[ht ge]merkt, vielleicht weil man weder Federwolken, noch auffallende Farben am Himmel, noch Dünung u[sw. be]obachtet hat, oder weil man die Orkanzeit für beendet hielt.

Die Verhältnisse vor einem Orkan sind nie wieder ganz dieselben, wie vor einem anderen, imm[er] [w]ieder treten Abweichungen auf. Je weniger man sich an ein Schema hält, je genauer man aber auf all[es a]cht gibt, um so eher und um so sicherer wird man das Herannahen eines Orkans erkennen und etwaig[e F]olgen vorbeugen.

Die alten Orkanregeln sind einfach, klar und verständlich. Danach soll man beidrehen, [um] [fe]stzustellen, ob der Wind seine Richtung beibehält oder nicht. Bei gleichbleibender Windrichtung, [zune]hmender Windstärke und fallendem Barometer bewegt sich die Mitte auf das Schiff zu. Sobald man d[as er]kannt hat, soll man seinen Abstand vom Orkan vergrößern. Am schnellsten würde dies geschehen, we[nn m]an den Wind

auf N-Br. von St-B. }
„ S-Br. „ B-B. } ungefähr 2 Strich vorlicher als dwars

[hi]elte und zugleich viel Fahrt machen könnte. Das ist aber meistens nicht möglich, wenn der Wind m[it en]tsprechendem Seegange schon als Sturm weht. In solchen Fällen soll man lenzen, indem man a[uf N]ordbreite den Wind soviel wie möglich von Steuerbord, auf Südbreite soviel wie möglich von Backbo[rd] [ein]hält, um damit den Abstand von der Orkanbahn zu vergrößern. Ändert sich dagegen die Richtung d[es] [W]indes, so raumt oder schralt er für das beigedrehte Schiff. Raumt er, so liegt das Schiff richtig. Schr[alt e]r, so muß das Schiff auf die anderen Halsen gelegt werden. Dies war der Kern der alten Regeln. Da[zu k]am noch die Erkenntnis, daß der Passat oder der Monsun allmählich in einen Orkan übergehen ka[nn.]

Ergänzung der älteren Regeln. Da aber unter Umständen, namentlich in den Fällen, wo [ein] [e]in Schiff durch Beibehalten seines Kurses und seiner Geschwindigkeit von der Orkanbahn entfernt, [durch] [B]eidrehen unnötig Zeit verloren wird, und von der Erwägung aus, daß ein Schiff erst dann Ku[rs] und Fahrt zu ändern braucht, wenn es aus den Umständen erkennt, daß es unter B[ei]behaltung von Kurs und Fahrt in die Mitte oder doch in zu große Nähe des Orka[ns] [g]eraten würde, sind bei der Besprechung der Orkane in den verschiedenen Meeresteilen noch bes[ond]ere Anweisungen gegeben.

Es muß daneben und zum Verständnis dieser besonderen Anweisungen aber gefordert werd[en,] [da]ß sich die Seeleute mit den Entwickelungsgebieten und den durchschnittlichen Orkanbahnen u[nd] [i]hrer Abhängigkeit von Ort und Zeit bekannt machen.

Wenn man dann beim ersten Gedanken an einen Orkan gleich einen Anhalt über seine Richt[ung] [u]nd Geschwindigkeit hat, so sind dies die Ergänzungen, die man zu den alten Anweisungen braucht.

wird dann aus den eignen Beobachtungen so gut wie möglich feststellen, in welcher Richtung die Orkanmitte liegt, die Entfernung nach Windstärke, Barometerstand und -fall schätzen und weiß auch gleich ungefähr, wohin sich der Orkan bewegt. Für manche Gegenden sind die Orkanbahnen für einen bestimmten Monat an so wenige, jetzt immer genauer bekannt werdende Richtungen gebunden, daß es dort leichter und sicherer ist, im Anfang eines Orkans seine Marschrichtung von vornherein nach der bisherigen Erfahrung zu schätzen, als sie durch Beobachtungen von Bord aus bestimmen zu wollen. Dasselbe gilt für die Marschgeschwindigkeit der Orkane. Verlangt werden muß demnach Kenntnis der Bahnen nach Gegend und Jahreszeit und volles Verständnis der eigenen Beobachtungen, die das allgemeine Bild schrittweise aufklären oder berichtigen.

Marschrichtungen der Orkane. Arabisches Meer. Das Entstehungsgebiet der Orkane liegt im südlichen und östlichen Teil. — Ihre Marschrichtung ist südlich von 15° N-Br. W bis NW, weiter nördlich NW bis NO. — Die Reihenfolge der Monate ist: Juni, Mai, November, April (Oktober, September). Sie sind außerordentlich selten.

Golf von Bengalen. Die Orkane entstehen im südlichen, mittleren und nördlichen Teil des Golfes. Ihre Marschrichtung ist südlich von 15° N-Br. W bis NW in allen Monaten; nördlich von 15° N-Br. ist sie bis Ende September ebenfalls W bis NW, von Oktober an aber auch wohl N bis NO. — Die Reihenfolge der Monate ist: Oktober, Mai, November, Juni (Dezember, April).

Westhälfte des südlichen Indischen Ozeans. Die Orkane entstehen zwischen den Chagos-Inseln und 12° S-Br. — Ihre Marschrichtung ist bis 15° S-Br. W bis SW in allen Monaten. Der Scheitel der Bahnen, die nach S und SO umbiegen, liegt um so südlicher, je weiter westlich die Bahn liegt. — Die Reihenfolge der Monate ist: Januar, Februar, März, April, Dezember, November (Mai).

Osthälfte des südlichen Indischen Ozeans. Die Marschrichtung dieser Orkane scheint meistens W bis SW bis zum Wendekreis zu sein, darüber hinaus S und SO. — Sie scheinen hier eben so selten zu sein wie im Arabischen Meer. Es sind nur vereinzelte Bahnen bekannt.

Korallenmeer. Hier sind Orkane verhältnismäßig selten. — Ihre Marschrichtung ist zunächst SW; erreicht ein Orkan die Küste des Festlandes und betritt er es, so löst er sich bald auf, anderenfalls folgt er der Küstenrichtung nach Südosten. — Die Reihenfolge der Monate ist: Januar, Februar, März, Dezember, April (November).

Ostasiatische Gewässer. Das Gebiet, in dem die Orkane entstehen, hat hier die größte Ausdehnung; es erstreckt sich von den Marschall-Inseln westlich bis in die Nähe der Philippinen und den Liukiu-Inseln bis zu den Bonin-Inseln. — Früh und spät im Jahre halten sich die Orkane mehr im Süden, im Juli, August, September und Oktober mehr in der Mitte und im Norden; nach der Hauptorkanzeit halten sie sich in größerer Entfernung vom asiatischen Festland als während der Hauptzeit. — Zieht man von Shanghai eine Linie nach den Liukiu- und von da weiter östlich nach den Bonin-Inseln, so sind in der Hauptorkanzeit die Marschrichtungen südlich von dieser Linie W bis NW, nördlich davon N bis NO; im November dagegen bezeichnet der 20. Breitengrad die entsprechende Grenzlinie zwischen den Marschrichtungen W bis NW und N bis NO. — Die Reihenfolge der Monate ist: September, August, Oktober, Juli, November, Juni, Mai (April, Dezember). Die Reihe gilt von November an fast nur für den südlichen Teil des Gebietes.

Einige allgemeine Bemerkungen. Die Regelmäßigkeit der Orkanbahnen hängt innerhalb der Tropen mit den durchschnittlichen Luftdruckverhältnissen eng zusammen. — Es sei hier auch an die täglichen indischen, australischen, chinesischen und japanischen Wetterkarten erinnert, mit deren Hilfe man beim Auftreten eines Orkans häufig verhältnismäßig sichere Schlüsse über seine weitere Bahn machen kann. Man beachte in den Häfen auch die Sturm- und Wettersignale.

Eine häufig beobachtete Tatsache ist bei tropischen Orkanen ihre schroffe äußere Begrenzung. Manchmal genügen wenige Seemeilen, um aus einem Orkan hinaus in verhältnismäßig gutes Wetter zu treiben. Je höher die Breite, um so weniger scharf ist die äußere Grenze.

Am schwersten für jeden Kapitän ist immer die Beantwortung der Frage, wann ist Kurs und Fahrt zu ändern. Offenbar ist dieser Zeitpunkt dann gekommen, wenn der Kapitän mit einiger Sicherheit voraussehen kann, daß er binnen kurzem dazu gezwungen sein wird. Hat er diese Überzeugung, dann steht es noch eine kurze Zeitlang in seiner Macht, dieses Opfer freiwillig zu bringen, ehe er dazu gezwungen wird. Der Unterschied besteht darin, daß man den Umfang des Opfers meist einigermaßen übersehen kann, wenn man es freiwillig und zeitig bringt, wogegen man später nicht mehr übersehen kann, welche Opfer der Orkan fordern wird.

Grundlagen zum Manövrieren. Wenn ein Schiff in die Nähe der Mitte eines Orkans gerät, kann man gewöhnlich drei Perioden unterscheiden.

1. Periode. Die ersten Anzeichen machen sich geltend. Monat und Gegend geben Andeutungen, ob die Wahrscheinlichkeit eines Orkananfanges oder Orkans groß oder klein ist. Man sehe sich schon jetzt die mutmaßliche Marschrichtung und -geschwindigkeit an, beachte den Stand des Barometers im Vergleich mit dem normalen Stand, seine Bewegung und seinen täglichen Gang in den letzten Tagen. Man vergleiche die eigenen Wind- und Wetterbeobachtungen mit der mutmaßlichen Richtung und Geschwindigkeit, die ein Orkan hier haben würde. Um alle Beobachtungen übersichtlich beisammen zu haben, trage man sie in einen Übersegler ein. Da man Zeit hat, überlege man sich jetzt schon, ob man, falls es sich um einen Orkan handeln sollte, ohne Bedenken Kurs und Fahrt beibehalten kann oder nicht, ob Beidrehen oder Stoppen genügen würde oder man Kurs ändern müsse.

2. Periode. Die Anzeichen sind so deutlich geworden, daß man von der Anwesenheit eines Orkans fest überzeugt ist. Man weiß jetzt schon genauer, wo die Mitte des Orkans liegt, und überlege sich noch einmal, was für die Gegend und die Jahreszeit seine wahrscheinlichste Marschrichtung und -geschwindigkeit ist. Dann ergreife man ohne Verzug die Maßnahmen, die sich unter Berücksichtigung der Widerstandsfähigkeit, der Größe und der Geschwindigkeit des Schiffes aus den alten Regeln und ihren Ergänzungen ergeben. Unter Umständen muß man dabei von dem Reiseziel vorläufig ganz absehen.

Diese 2. Periode ist deshalb wichtig, weil das Schiff noch manövrierfähig ist; selbst ein Segler kann noch halsen oder lenzen, platt vor dem Winde oder den Wind 4 Strich einhalten. In den Beobachtungen während der 1. und 2. Periode bietet sich vielleicht schon eine Kontrolle der vermuteten Marschrichtung. Als Richtschnur halte man nur immer fest, daß für das einzelne Schiff immer nur eine einzige Marschrichtung des Orkans in Frage kommt. Durch die Annahme einer veränderlichen Peilung aber einer einzigen Richtung der Bahn des Orkans tritt schneller eine viel größere Klarheit über alle Beobachtungen ein. Zudem entspricht diese Annahme am besten der Wirklichkeit. Je klarer man die ganze Lage übersieht, um so sicherer wird man jetzt auch in der Wahl des besten Manövers sein.

3. Periode. Wind und See haben derartig zugenommen, daß das Schiff manövrierunfähig ist. Man kann weiter nichts tun als abwarten, bis sich der Orkan vom Schiff entfernt. Das kann einen halben oder einen ganzen Tag, in den Entwickelungsgebieten auch mehrere Tage dauern.

Die drei Perioden sind von verschiedener Dauer, abhängig von Kurs und Fahrt des Schiffes; als Anhaltspunkte kann man sich merken: für die erste Periode etwa 1 bis 2 Tage, für die zweite etwa 8 bis 16 Stunden und für die dritte etwa 12 Stunden.

Schlußwort. In weitaus den meisten Fällen wird man mit Hinzuziehung dieser Ergänzungsanweisungen eher imstande sein, eine zu große Annäherung an die Mitte eines Orkans zu vermeiden, als ohne sie; aber ebenso nötig ist es, die alten Regeln zu kennen und zu verstehen, denn in den Hauptpunkten sind sie richtig. Der Punkt, der bei den alten Regeln nicht, jetzt aber in erster Linie betont wird, ist die Ausnutzung der Zeit während der 1. und 2. Periode. Nach den alten Regeln geht sie oft ganz mit Abwarten verloren; hier möge dagegen noch einmal mit allem Nachdruck auf ihre möglichste Ausnutzung sowie darauf hingewiesen werden, daß sich dem modernen Schiffe, namentlich den großen und schnellen Dampfern große Ausnutzungsmöglichkeiten bieten und mit der fortschreitenden Technik immer mehr bieten werden.

Strömungen in einzelnen Meeresteilen.

Rotes Meer. Hier herrschen Stromstillen vor; Strömungen, die mit dem Winde setzen, sind meistens schwach, und große Versetzungen sind Ausnahmen. Aber wegen der starken und meistens nicht festzustellenden Strahlenbrechung im Roten Meere — wenn z. B. heiße Wüstenwinde über kühlere Luftschichten auf dem Wasser streichen — errechnet man gelegentlich aus Kimmabständen 10 bis 20' fehlerhafte Höhen und daraus Strömungen, die gar nicht vorhanden sind. Außer solchen oft nur scheinbaren Versetzungen treten aber auch wirkliche, besonders gefährliche Querversetzungen auf, die sich allerdings meistens auf verhältnismäßig schmale Gebiete beschränken; wenn ein Dampfer beispielsweise 50 Sm zurückgelegt und dabei eine seitliche Versetzung von 8 Sm festgestellt hat, so darf er daraus für die weitere Fahrt nicht auf gleiche Versetzung in derselben Richtung schließen, er kann ebensogut nach der entgegengesetzten Richtung stark versetzt werden. Diese Querströme kommen überall im Roten Meere vor und nehmen in unmittelbarer Nähe von Untiefen und Riffen an Geschwindigkeit auffallend zu. Namentlich bei der Ansteuerung des Golfes von Suez von Süden und bei der Ansteuerung der Sauakin-Inselgruppe von Norden her sollte man sich auf seitliche Versetzungen, die unabhängig von dem gerade herrschenden Winde sind, gefaßt machen.

Kap Guardafui und Sokotra. Die Monsunströmungen in der Nachbarschaft von Sokotra und bei Kap Guardafui sind besonders stark und unregelmäßig. Namentlich während des Südwest-Monsuns erreichen die nördlichen bis östlichen Versetzungen mit ihren Neerströmen unter den Küstenvorsprüngen große Beträge; man hat z. B. zwischen Sokotra und Kap Guardafui im August nördlichen Strom bis zu 120 Sm in einem Etmal festgestellt. Dieser außerordentlich starke Strom ist so gefährlich, weil die größten Versetzungen quer zum Kurse der östlich oder westlich steuernden Schiffe auftreten und Beträge bis zu 8 oder 10 Sm in der Stunde annehmen und weil unter Sokotra Neerströme auftreten. Selbst in den Monaten, in denen der nördliche Strom noch nicht seine größte Stärke und Regelmäßigkeit erreicht hat, sind bei Sokotra auf östlichen Kursen sogar noch bei östlichen Winden nördliche Versetzungen bis zu 74 Sm in einem Etmal festgestellt worden. Überhaupt steht das Meeresgebiet zwischen Kap Guardafui und Sokotra, mindestens von März bis Oktober, beide Monate eingerechnet, unter der Herrschaft vorwiegend nördlicher bis östlicher Strömungen.

Die südwestliche Trift des Nordost-Monsuns kommt von November bis Februar aber erst südlich von Ras Hafun deutlich zur Geltung. Das Gebiet zwischen Ras Hafun und Kap Guardafui kann man in dieser Zeit als Stromscheide bezeichnen. Die westwärts setzende Nordost-Monsuntrift spaltet sich vor der Küste in einen nordwärts und in einen südwärts setzenden Arm, meistens bei Kap Guardafui. Die Spaltung kann aber auch südlich von Ras Hafun stattfinden, und dann trifft man dicht unter der Küste zwischen Ras Hafun und Kap Guardafui selbst bei starkem Nordost-Monsun nördliche Versetzungen an, etwa wie sie die November-Karte gibt. Aber nur an der Küste; in 20 bis 30 Sm Abstand vom Lande hat man im Nordost-Monsun fast immer mit westlichen, also auflandigen Versetzungen von mitunter 50 Sm in einem Etmal zu rechnen.

Im Arabischen Meere folgen die Strömungen den herrschenden Monsunen mit einiger Verspätung.

Golf von Bengalen. Die Strömungen folgen etwas verspätet den Monsunen, werden aber durch die Küsten abgelenkt. Im Nordost-Monsun von November bis Januar wird die westliche Monsuntrift an der Ostküste Vorderindiens und Ceylons südlich abgelenkt. Aber schon im Februar macht sich in der Nordwestecke des Golfs das Ende des Nordost-Monsuns bemerkbar; dann vermögen die nach West drängenden Wassermassen in dieses Gebiet einzudringen, und es entsteht an der Küste nördlicher Strom, der sich vor dem Hugli östlich wendet, an der Küste Burmas nach SO biegt und wieder in die große südwestliche Monsuntrift übergeht. Von Januar bis April befindet sich nördlich von 10° N-Br. und westlich von 90° O-Lg. ein Gebiet wechselnder Strömungen und Stromstillen. Der im April an der Coromandel-Küste schon kräftige Südwest-Monsun findet hier bereits eine nördliche Strömung vor und verstärkt sie. Im Juni beherrscht der Südwest-Monsun den ganzen Golf, und dem Winde folgen die Strömungen. Aber bereits im Juli macht sich eine Stauung und Umbiegung dieser nordöstlichen Monsuntrift an den Andamanen und an der Küste Burmas bemerkbar, die Wassermassen fließen vor dem Hugli vorüber nach West, dann an der Küste Vorderindiens entlang bis nach 18° N-Br. An dieser Küste herrscht aber im Juli und August frischer Südwest-Monsun, daher wird der südliche Strom nach Osten in die große Monsuntrift abgelenkt. Somit ist um diese Zeit im nördlichen Teile des Golfs ein linksdrehender Stromwirbel vorhanden. Erst im September, wenn der Monsun an der Coromandel-Küste abflaut und Windstillen häufig sind, vermag der Küstenstrom bis zur Ostküste Ceylons vorzudringen.

In den Übergangsmonaten April und Oktober kehren sich die Strömungen allmählich um.

Während des ganzen Jahres kann an der Ost- und Südostküste Ceylons südlicher bis südwestlicher Strom angetroffen werden, der vom September bis Dezember

Stärken bis zu 90 Sm in einem Etmal erreicht. — Monsunstörungen und Wirbelstürme beeinflussen den Verlauf der Strömungen.

Südchinesisches Meer. Hier werden die Strömungen von den Monsunen erzeugt und ändern dementsprechend ihre Richtung und Stärke. Der Nordoststrom im Südwest-Monsun vom April bis September ist im allgemeinen schwächer und unbeständiger als der südwestliche Strom vom September bis April. Die Stromstärken in der China-See sind in diesen Karten etwas niedrig angegeben, namentlich zwischen Kap Varella und Kap Padaran. Hier hat man im Nordost-Monsun mitunter südwestlichen Strom von 100 Sm und darüber in einem Etmal. Allerdings sind die Stromstärken während eines Etmals ungleich; mehrfach haben Zehnknoten-Dampfer auf nördlichen Kursen bis zur Fisherman-Insel an der Küste von Cochinchina stündlich immer noch 4 Sm gegen Wind und Strom aufdampfen, aber nördlich von dieser Insel nicht mehr vorwärts kommen können und nach Osten abhalten müssen, um aus dem südlichen bis zu 8 Sm in der Stunde laufenden Küstenstrom zu kommen. Etwa 100 Sm von dieser Küste entfernt bis zu den North Danger-Untiefen trifft man in beiden Monsunen viel schwächeren Strom, im NO-Monsun mitunter sogar Neerstrom nach Nordost und Nord. Die vielen Unregelmäßigkeiten der Strömungen im Chinesischen Meer treten deutlich hervor, wenn man die Stromkarten aller Monate eines Monsuns vergleicht. Die eigenartige Wirbelbildung in der freien See nordöstlich von Pulo Sapatu zwischen der Küste Cochinchinas und den North Danger-Riffen, z. B. auf der Oktober- und November-Karte, zeigt sich gelegentlich auch in anderen Monaten des Nordost-Monsuns. Die Stromstärken pflegen bei einer Monsunstörung bedeutend nachzulassen, vereinzelt treten sogar Rückströmungen auf; dann nimmt die Stromstärke der Monsuntrift plötzlich wieder zu, ohne daß der Monsun am Schiffsort durchgeholt hätte. Zum Beispiel wird man auf den Dampferwegen zwischen Singapore und Hongkong im Nordost-Monsun und in der Umgebung der Paracels- und der Macclesfield-Bank, auch südlich davon, dieses Nachlassen und Wiederzunehmen des südlichen Stromes wahrnehmen, wenn in der Formosa-Straße längere Stillen und flaue Winde eintreten und danach der Monsun wieder frisch durchholt. An der Nordwestküste Borneos und an den Westküsten Palawans und Luzons findet man manchmal Neerstrom.

Ostchinesische Gewässer. Die Passattrift des Stillen Ozeans wird vor den Philippinen größtenteils nach Norden abgelenkt und strömt vor der Ostseite Formosas vorüber; doch fließt auch ein Teil davon an der Westseite Formosas nach Norden, vereinigt sich aber im Ostchinesischen Meere wieder mit dem Hauptstrom, der sich nordöstlich wendet und vor der Südostküste Japans als Kuro Siwo weiterfließt. Wo er sich nordöstlich wendet, vor den Japanischen Inseln, spaltet sich wieder ein Teil ab und strömt nach Norden weiter, zum Teil durch die Korea-Straße, zum Teil an der Westseite von Korea entlang. Im Winter wird dieser Teil durch die vorherrschenden nördlichen Winde sehr abgeschwächt; es bildet sich dann an der Westseite des Gelben Meeres, hier aber vielfach durch Gezeitenströme verwischt, von Kap Shantung aus südlicher Strom, der weiterhin durch den Nordost-Monsun verstärkt an der chinesischen Küste entlang in das Südchinesische Meer hineinsetzt und auf der Westseite der Formosa-Straße sehr kräftig ist. Die südliche Strömung führt kühleres, schmutzig-gelbgrünes, die nördliche wärmeres, tiefblaues Wasser. Die Grenze zwischen der südlichen Strömung im Westen und der nördlichen Strömung im Osten ist oft deutlich zu sehen. Im Sommer, also während des Südwest-Monsuns, herrscht vor der ostchinesischen Küste nordöstlich setzender Strom, dessen Stärke aber die des südlichen im Winter nicht erreicht.

Malaiischer Archipel. Die Strömungen zwischen den Philippinen und den Sunda-Inseln oder in den Gewässern nördlich von Australien und um Neuguinea werden vorzugsweise von den Monsunen erzeugt und sind von deren Richtung und Stärke abhängig, werden aber stark durch die Tiden beeinflußt. Der Einfluß der Tiden ist in den Straßen und Durchfahrten besonders stark.

Strom in der Sunda-Straße bei Dwars in den Weg.

Ost-Monsun.

Neu- oder Vollmond: 1^h N bis 7^h V, 18 Stunden lang starker Südweststrom,
„   „ 7^h V „ 1^h N, 6   schwacher Nordoststrom,

Erstes oder letztes Viertel: 7^h N bis 1^h N, 18 Stunden lang ziemlich starker Südweststrom,
      1^h N „ 7^h N, 6 „ Stillwasser oder ganz schwacher Strom.

West-Monsun.

Neu- oder Vollmond: 7^h N bis 1^h N, 18 Stunden lang starker Nordoststrom,
„   „   „ 1^h N „ 7^h N, 6 „ schwacher Südweststrom,
Erstes oder letztes Viertel: 1^h N „ 7^h V, 18 „ ziemlich starker Nordoststrom,
      7^h V „ 1^h N, 6 „ Stillwasser oder ganz schwacher Strom.

Der Strom in der Bali-Straße

wechselt viermal täglich. Im West-Monsun läuft etwa 8 Stunden nördlicher Flutstrom, bei Kap Passier mit 6 bis 7 Kn Geschwindigkeit, und 3 bis 5 Stunden südlicher Ebbstrom von selten mehr als 3 Kn. Der Strom kommt von Nord nach Süd bei Voll- und Neumond etwa zwischen 12 und 1^h bei Kap Passier, 2 Stunden früher bei Banjoewangi und 1 bis 2 Stunden später bei Duiven-Eiland. Im Ost-Monsun überwiegt der Südstrom annähernd ebenso wie im West-Monsun der Nordstrom.

Der Strom in der Lombok-Straße

wechselt viermal täglich. Im West-Monsun überwiegt der Nordstrom. Im Ost-Monsun, etwa von Anfang März bis Mitte November, beginnt bei Neu- und Vollmond der südliche Strom ungefähr um $1^1/_2{}^h$, er läuft durchschnittlich 8 Stunden lang und hat eine mittlere Geschwindigkeit von $3^1/_2$ Kn, erreicht im südlichen Eingange of Straße 6 Kn. Der nördliche Strom läuft im Ost-Monsun durchschnittlich 4 Stunden mit etwa 2 Kn oder etwas mehr Geschwindigkeit, am stärksten und längsten unter Lombok. Er beginnt bei Neu- und Vollmond etwa um $9^1/_2{}^h$. Zwischen Bali und Pandita läuft im Ost-Monsun zuweilen tagelang südlicher Strom.

Der Strom in der Alas-Straße

wechselt viermal täglich. Im West-Monsun läuft der nördliche Strom am längsten und stärksten, zuweilen sogar ohne Unterbrechung den ganzen Tag. 4 Kn Geschwindigkeit sind verschiedentlich beobachtet worden. Im Ost-Monsun beginnt der südliche Strom bei Neu- und Vollmond zwischen 12 und 1^h, er läuft ungefähr 8 Stunden lang und erreicht 2 bis 3 Stunden nach seinem Einsetzen seine größte Geschwindigkeit von oft mehr als 4 Kn. Der südliche Strom setzt an der Lombok-Seite etwas früher ein als an der Sumbawa-Seite und läuft (im Ost-Monsun) in der Mitte mitunter ununterbrochen.

Die Ströme in der Sapi-Straße

sind starke, aber nicht genügend bekannte.

Der Strom in der Ombai-Straße

wechselt nach einigen Berichten ziemlich regelmäßig viermal an einem Tage; die Angaben sind aber nicht ausführlich. In dem Gebiet, das im Süden von Rotti und Timor, im Norden von Sumba, Flores und Ombai begrenzt wird, setzt 1 bis 2,5 Kn Strom im Ost-Monsun nach SW oder W, wenn westliche Winde herrschen nach NO oder O. Es kommen, wenn der West-Monsun nicht frisch weht, bei Mallung oder Windstillen auch von Dezember bis März anhaltende, starke südwestliche Strömungen vor.

Strömungen im westlichen Teile der Sunda-See und in den nördlichen Straßen.

Auf dem Wege von der Sunda-Straße nach der Banka-, Gaspar- und Karimata-Straße setzt die Strömung von Mai bis September meist nach NW und N; nach N hauptsächlich unter der Küste von Sumatra. Von Dezember bis März setzt die Strömung nach O und SO bis SSW, zuweilen mit 3 Kn Geschwindigkeit. Im Ost-Monsun ist die Strömung gewöhnlich weder so stark noch so beständig.

In der Banka-Straße läuft im Nordwest-Monsun, von April bis November, südöstlicher Strom etwa 14 bis 18 Stunden an einem Tage mit 2 bis 3¹/₂ Kn Geschwindigkeit, 6 bis 10 Stunden an einem Tage ist Stillwasser. Im Südost-Monsun ist es umgekehrt. In den Übergangszeiten wechseln die Tidenströme ziemlich regelmäßig, wenn nicht unregelmäßige Winde Ausnahmen bringen.

In der Gaspar-Straße wird durch den Südost-Monsun der nördliche, durch den Nordwest-Monsun der südliche Strom verstärkt, im vollen Monsun dermaßen, daß der entgegengesetzte Strom oft ganz aufgehoben wird; die Richtung des Stromes fällt hier an vielen Stellen mit der Richtung des Fahrwassers nicht zusammen.

In der Karimata-Straße setzt bei Südost-Monsun 1 bis 2 Kn Triftströmung nach Nordwest und erreicht in den Durchfahrten, wenn sie im selben Sinne setzt wie der Tidenstrom, 2 bis 3 Kn. Bei nördlichen Winden setzt die Triftströmung noch kräftiger nach Süden als mit Südost-Winden nach Norden.

Hochwasser tritt bei West-Monsun stets morgens, bei Ost-Monsun abends ein. Im nördlichen Teile der Straße setzt der Flutstrom nach Süden; bei den Karimata-Inseln scheinen die Tiden aus dem Südchinesischen Meere und aus der China-See zusammenzustoßen. Zwischen der Momprang- und der Karimata-Inseln setzt der Flutstrom nach NW, der Ebbestrom nach SO. Im nördlichen Teile der Karimata-Straße hat man im West-Monsun bei Tage fast immer Ebbestrom, der der südöstlichen Triftströmung entgegen nach Nordwesten setzt; bei Nacht wird dort die südöstliche Triftströmung durch den Flutstrom verstärkt. Im südlichen Teile der Straße sollte demnach das Umgekehrte stattfinden, sichere Beobachtungen darüber sind aber nicht bekannt.

Korallenriffe und Atolle. In vielen Einfahrten zu den Lagunen von Korallenriffen und Atollen läuft der Strom beständig aus, selbst gegen die draußen allgemein herrschende Strömung, die erst in nächster Nähe der Riffe abgelenkt zu werden pflegt. Der auslaufende Strom entsteht dadurch, daß von jeder am Außenriff brandenden Sturzsee beträchtliche Wassermassen über das Riff hinweg in die Lagune gespült werden und sich zum Ausgleich einen Ausweg aus der Lagune suchen, wo sie ihn finden. Setzt der Strom dabei gegen den herrschenden Wind, so entsteht in der Einfahrt unangenehmer Seegang oder gar Brandung. Stellenweise wird dieser beständig ausfließende Strom nicht einmal durch die Flut aufgehoben.

Korallenmeer. Innerhalb des Großen Riffes überwiegen vielfach, namentlich in engen Durchfahrten, die Tidenströme. Im allgemeinen pflegt man im SO-Monsun, von Mai bis November, nördliche Versetzungen zu haben, die bis zu 50 Sm in einem Etmal betragen können. Im NW-Monsun, von Dezember bis März, sind die Strömungen unregelmäßig, vorwiegend südwestlich. An der Außenseite des Großen Riffes herrscht nordwestliche Strömung, die selbst bei frischen westlichen Winden noch bemerkt worden und im Südost-Monsun, von Mai bis November, recht kräftig ist. Gleichwohl hat man aber dicht am Riff zwischen der Flinders- und der One and a half Mile-Durchfahrt südöstliche Strömung von 36 Sm in einem Etmal gefunden. 30 Sm außerhalb des Riffes findet man diese Strömungen nicht mehr.

Westküste Australiens und Arafura-See. An der Westküste Australiens zwischen Kap Leeuwin und dem Nordwestkap herrschen, namentlich auf dem südlichen Teil dieser Küstenstrecke, von der Westwindtrift der südlichen Breiten herrührende, nördliche und auflandige Versetzungen vor. Aber im Mai, Juni, Juli, August und noch im September treten in diesem Küstengebiet nordwestliche Stürme auf und kehren die gewöhnlichen Verhältnisse um. Mitunter ist schon zwei Tage vor einem solchen Nordwester kräftige südliche Strömung fühlbar, die mit dem Beginn des Sturmes an Geschwindigkeit zunimmt und auch nach dessen Abflauen noch zwei bis drei Tage anhält.

In der Arafura-See setzt die Strömung während des West-Monsuns im Dezember, Januar und Februar, mit dem Winde; während des Südost-Monsuns vom April bis Oktober setzt sie im nördlichen Teile, an der Küste Neuguineas, besonders kräftig, bis zu 36 Sm in einem Etmale nach NW, im südlichen Teile mehr in westlicher Richtung. In Lee, also nördlich von den Babar-, Timorlaut- und Damar-

Inseln, trifft man im Juni, Juli und August östlich setzende Neerströmung. In den Übergangsmonaten, im November, im März und in der ersten Hälfte des April, sind in der Arafura-See sehr unbestimmte Strömungen zu erwarten.

Die Agulhas-Strömung entsteht aus der Südost-Passattrift, aus dem Teil davon, der vor Kap Delgado (11° S-Br.) südwärts biegt und aus den Wassermengen, die der Südost-Passat an der Südküste Madagaskars vorüber nach Westen drängt. Etwa von Port Natal (30° S-Br.) an setzt die Agulhas-Strömung ziemlich dicht an der Küste entlang, namentlich bei anhaltend kräftigen SO-, d. h. auflandigen Winden, und etwa vor der Mossel-Bucht biegt ihre Hauptmasse nach Süden; doch nicht ohne daß noch gelegentlich einzelne, durch ihre hohe Temperatur erkennbare Streifen westlich weiter setzten. Die Geschwindigkeit der Agulhas-Strömung ist durchschnittlich sehr groß und übersteigt nicht selten 100 Sm in einem Etmal. Vom Kap der Guten Hoffnung her an Kap Agulhas vorüber drängt sich bis etwa Kap Recife hin östlicher Strom zwischen die Küste und die Agulhas-Strömung.

Südküste von Madagaskar. Auch dicht unter der Südküste Madagaskars und sogar zwischen Madagaskar und Réunion hat man im April und Mai ostwärts setzende Strömungen gefunden, zwischen 24 bis 25° S-Br. und 49 bis 50° O-Lg. bis zu 50 Sm in einem Etmal.

Abschnitt III.

Seglerreisen.

Abc-Tafel der Reisedauer in Tagen.

Von	Nach	Reisedauer kürzeste Tage	Reisedauer mittlere Tage	Reisedauer längste Tage	Zahl der Reisen
A					
Akyab (NO-Monsun)	Lizard	—	106	—	1
„ (SW-Monsun)	„	113	147	180	5
Albany	Bahia Blanca (Kap Horn)	56	62	71	3
„	Kapstadt	—	64	—	1
„	Lizard (Kap der Guten Hoffnung)	121	133	152	8
„	Lizard (Kap Horn)	—	147	—	1
„	Newcastle (N. S. W.)	—	16	—	1
Algoa Bay	Zanzibar XII, I.*	—	42	—	—
Anjer	Hongkong (NO-Monsun)	—	54	—	1
„	Pasoeroean	—	15	—	1
„	Samarang	11	13	15	2
„	Shanghai (NO-Monsun)	—	68	—	1
„	Tschifu (SW-Monsun)	—	43	—	1
„	Yokohama (SW-Monsun)	—	61	—	1
Antanambe (Ostküste von Madagaskar)	Mauritius	—	20	—	1
Astoria	Durban	98	102	106	2
„	East London	—	101	—	1
„	Kapstadt	79	84	90	2
„	Kiautschou	59	61	64	2
„	Melbourne	—	65	—	1
„	Mossel Bay	—	95	—	1
Auckland	Tonga	—	11	—	1
B					
Bangkok (SW-Monsun)	Anjer	—	80	—	1
„ (NO-Monsun)	Lizard	130	146	163	4
„ (SW-Monsun)	„	113	135	152	7
„ (Monsunwechsel)	„	119	148	165	11
Banjuwangi	Barbados	—	187	—	1
„	Batavia	—	4	—	1
„	Hongkong (Monsunwechsel)	—	46	—	1
„	Soemalata	—	14	—	1
Bantjar	Delagoa Bay	—	81	—	1
„	Samarang	—	6	—	1
Bassein	Akyab (NO-Monsun)	—	10	—	1
„ (NO-Monsun)	Lizard	110	113	116	2
„ (SW-Monsun)	„	105	129	183	18
„ (Monsunwechsel)	„	102	133	158	10

*Die römischen Zahlen bezeichnen die Reisemonate.

Von	Nach	Reisedauer kürzeste Tage	Reisedauer mittlere Tage	Reisedauer längste Tage	Zahl der Reisen
Batavia	Cadiz	—	113	—	1
„	Lizard	107	110	113	2
„	Philadelphia	—	105	—	1
„	Samarang	—	4	—	1
„	Soerabaja	4	5	7	2
Beira	Albany	—	58	—	1
„	Bunbury	—	31	—	1
„	La Plata-Fluß	—	62	—	1
Besoeki	Ponta Delgada	—	130	—	1
Boeroe	East London	—	56	—	1
Brawa	Kismayo XI	—	1	—	—
„	Zanzibar XI	—	9	—	—
„	„ XII	—	4	—	—
Brisbane	Iquique	—	41	—	1
„	Lizard	87	101	118	6
„	Neu-Caledonien	8	9	10	2
„	Newcastle	—	4	—	1
„	Sydney	—	7	—	1
„	Taltal	—	38	—	1
„	Valparaiso	—	45	—	1
Buenos Aires	Melbourne	—	66	—	1
„	Port Natal	34	36	38	2
„	Rangoon (NO-Monsun)	—	75	—	1
„	„ (Monsunwechsel)	—	82	—	1
„	Sydney	—	62	—	1
Bunbury	Delagoa Bay	—	38	—	1
„	Lizard	108	118	130	6
„	Port Natal	51	52	53	3
Butaritari	Lizard	—	150	—	1

C

Von	Nach	kürzeste	mittlere	längste	Zahl
Calcutta (SW-Monsun)	Boston	—	111	—	1
„ (NO-Monsun)	Lizard	93	108	112	4
„ (SW-Monsun)	„	106	124	142	2
„ „ „	Port of Spain	—	91	—	1
„ (NO-Monsun)	Port Natal	—	53	—	1
„ (SW-Monsun)	„ „	63	65	67	2
„ (Monsunwechsel)	„ „	—	59	—	1
„ „	Rio de Janeiro	—	94	—	1
„ (NO-Monsun)	San Francisco	—	107	—	1
„ „	Taltal	—	101	—	1
„ (Monsunwechsel)	Tocopilla	—	99	—	1
Caleta-Buena	Port Elizabeth	67	67	68	2
„	Port Natal	—	70	—	1
Callao	Wallaroo	—	72	—	1
Chinde	Newcastle (N.S.W.)	—	47	—	1
Chittagong (NO-Monsun)	Lizard	108	130	152	2
„ „ „	Newcastle (N.S.W.)	—	48	—	1
„ „ „	Port of Spain	—	164	—	1
„ (SW-Monsun)	„ „	—	161	—	1
Cochin (Monsunwechsel)	New York	—	132	—	1
Colombo	Bassein (NO-Monsun)	18	20	22	2
„	„ (Monsunwechsel)	—	15	—	1
„	Cochin (NO-Monsun)	—	12	—	1

D

Von	Nach	kürzeste	mittlere	längste	Zahl
Daressalam	Barbados	104	105	109	2
„	Rangoon (NO-Monsun)	—	52	—	1
„	Rockingham	—	51	—	1

Von	Nach	Reisedauer kürzeste Tage	Reisedauer mittlere Tage	Reisedauer längste Tage	Zahl der Reisen
Delagoa Bay	Albany	26	38	39	3
" "	Apalachicola	—	77	—	1
" "	Chittagong (NO-Monsun)	58	65	73	2
" "	Colombo (NO-Monsun)	—	40	—	1
" "	Fremantle	23	32	38	3
" "	Inhambane III	—	8	—	—
" "	Kiliman XII	—	12	—	—
" "	Newcastle (N. S. W.)	38	39	41	2
" "	Port Adelaide	—	41	—	1
" "	Port Natal	—	6	—	1
" "	Rangoon (NO-Monsun)	59	71	83	2
" "	" (SW-Monsun)	46	47	49	2
" "	" (Monsunwechsel)	67	76	85	2
" "	Rockingham	24	31	38	3
" "	Taltal	—	58	—	1
Dunedin	Auckland	—	15	—	1

E

East London	Albany	—	28	—	1
	Buenos Aires	—	35	—	1
	Bunbury	22	26	30	4
	Calcutta (SW-Monsun)	—	38	—	1
	Iquique	—	63	—	1
	Keeling-Insel	—	31	—	1
	Lizard	—	68	—	1
	Menado	—	58	—	1
	Newcastle (N. S. W.)	—	36	—	1
	Port Adelaide	27	35	41	5
	Rangoon (NO-Monsun)	—	60	—	1
	Rockingham	—	30	—	1
	Santa Cruz del Sur	—	59	—	1
	Seychellen	—	28	—	1
	Sydney	34	35	36	2
	Wallaroo	—	31	—	1

F

Fair Island	Hobart	98	102	107	2
Fénérive (Madagaskar) (17° 28' S-Br.)	Majunga (Madagaskar) (15° .43' S-Br.)	—	9	—	—
	Manuru VII (19°47' S-Br.)	—	8	—	—
	Nossi Bé II	—	8	—	—
	" " V, VI, VIII	—	5	—	—
	Tamatave V	—	8	—	—
" " " " "	Zansibar IX	—	8	—	—
Flinders Bay	Lizard	—	115	—	1
Fremantle	Algoa Bay	—	49	—	1
"	Bahia Blanca (Kap Horn)	—	57	—	1
"	Bantjar	—	17	—	1
"	Lizard	95	128	147	13
"	Montevideo (Kap Horn)	—	66	—	1
"	Newcastle (N. S. W.)	14	23	35	4
"	Nouméa	—	55	—	1
"	Port Pirie	—	24	—	1
"	Rangoon (SW-Monsun)	—	26	—	1
"	Taltal	—	49	—	1

Von	Nach	Reisedauer kürzeste Tage	Reisedauer mittlere Tage	Reisedauer längste Tage	Zahl der Reisen
G					
Geelong	Kapstadt	—	92	—	1
„	Lizard (Kap Horn)	108	118	141	7
„	Port Elizabeth	54	60	66	2
Geraldton	Fremantle	—	8	—	1
„	Newcastle (N. S. W.)	—	27	—	1
Gibraltar	Manansary (Ostk. v.Madag.)	—	83	—	1
Gorontalo	Lizard	121	135	147	2
„	Port Elizabeth	—	78	—	1
Guaymas	Adelaide	—	66	—	1
„	Sydney	—	48	—	1
H					
Hakodate	Astoria	25	28	31	2
„	San Francisco	—	41	—	1
Hamelin	Delagoa Bay	—	46	—	1
„	Lizard	128	137	146	2
Hiogo	New York (Kap Horn)	—	130	—	1
„	„ „ (Östl. Durchf.)	—	133	—	1
„	„ „ (Sunda-Straße)	104	131	155	6
Hobart	Fremantle	15	20	26	2
„	Kapstadt (auf dem nicht richtigen Wege um Kap Leeuwin)	—	91	—	1
Holyhead	Chittagong	—	98	—	1
Hongkong (NO-Monsun)	Astoria	56	66	77	2
„	Bangkok (NO-Monsun)	9	10	12	2
„	„ (SW-Monsun)	29	71	113	2
„ (NO-Monsun)	Callao (Süd von Australien)	93	94	95	2
„ (SW-Monsun)	„ direkt	—	105	—	1
„	Kiautschou (NO-Monsun)	—	27	—	1
„ (NO-Monsun)	Lizard	99	116	133	2
„	New York	104	153	221	8
„ (NO-Monsun)	Puget-Sund	—	51	—	1
„ (SW-Monsun)	„ „	—	38	—	1
„ (NO-Monsun)	Singapore	—	6	—	1
„ (SW-Monsun)	„	32	41	57	3
Honolulu	Sydney	31	82	84	2
I					
Ibo	Zanzibar II	—	8	—	—
„	„ IV	—	3	—	—
„	„ XII	—	10	—	—
Inhambane	Komoren-Insel IV, V	—	10	—	—
Iquique	Mauritius	—	74	—	1
„	Newcastle (N. S. W.)	—	70	—	1
„	Sydney	—	79	—	1
Jaluit	Butaritari	—	10	—	1
„	Ponape	—	4	—	1
Joana	Philadelphia	—	130	—	1
K					
Kaipara	Sydney	—	15	—	1
Kap Borda	Lizard (Kap Horn)	85	98	112	2
Kapstadt	Abrolhos-Insel (29.0° S-Br.; 114.0° O-Lg.)	—	48	—	1

Von	Nach	Reisedauer			Zahl der Reisen
		kürzeste Tage	mittlere Tage	längste Tage	
Kapstadt	Albany	29	32	34	3
„	Aruba	—	60	—	1
„	Auckland	—	51	—	1
„	Bahia	—	35	—	1
„	Barbados	36	40	45	2
„	Bassein (Monsunwechsel)	54	55	57	2
„	Caleta Buena	—	69	—	1
„	Chittagong (Monsunwechsel)	—	54	—	1
„	Delagoa Bay	16	19	23	2
„	Fremantle	29	33	38	2
„	Geelong	—	58	—	1
„	Gisborne	—	53	—	1
„	Haapai (Tonga-Inseln)	53	59	65	2
„	Iquique	63	63	64	2
„	Kwandang	—	77	—	1
„	Lizard	—	50	—	1
„	Macau	—	23	—	1
„	Melbourne	—	36	—	1
„	Newcastle (N. S. W)	35	43	54	14
„	Port Adelaide	29	40	50	6
„	„ Elizabeth	3	8	16	7
„	„ Natal	11	18	26	2
„	„ Pirie	—	36	—	1
„	Puget-Sund	105	109	113	2
„	Rangoon (SW-Monsun)	—	49	—	1
„	Savannah	56	58	61	2
„	Soerabaja	35	38	41	2
„	Sydney	33	43	53	4
„	Taltal	79	83	87	3
„	Thio (Neu-Caledonien)	—	47	—	1
„	Tocopilla	—	70	—	1
„	Wallaroo	41	43	46	2
„	Yokohama (östl. Durchfahrt)	—	110	—	1
Keeling-Insel	Lissabon	—	96	—	1
Kiautschou	Astoria	37	44	58	6
„	Los Angeles	—	43	—	1
„	Puget-Sund	54	54	55	2
„	Singapore (SW-Monsun)	—	60	—	1
„	Valparaiso	—	81	—	1
Kismayo	Magadoxa X	—	2	—	—
„	Marka XI	—	1	—	—
„	Zanzibar XI	—	4	—	—
Kobe	Astoria	27	34	47	14
„	Bangkok (Monsunwechsel)	—	25	—	1
„	„ (SW-Monsun)	—	47	—	1
„	Iquique	72	78	84	2
„	Nagasaki	14	15	16	2
„	Puget-Sund	25	32	39	6
„	Rangoon (NO-Monsun)	—	31	—	1
„	Saigon (Monsunwechsel)	—	23	—	1
„	San Francisco	30	45	59	3
„	Singapore (Monsunwechsel)	—	30	—	1
Komoren-Insel	Mozambique V	—	5	—	—
Kwandang	Gorontalo	22	24	26	3
L					
Lamu	Kismayo XI	—	2	—	—
Lissabon	Beira	—	83	—	1
Lizard	Anjer	79	96	114	9
„	Banjoewangi	94	106	116	8
„	Bassein (NO-Monsun)	86	98	107	3
„	Batavia	84	96	109	6

Von	Nach	Reisedauer kürzeste Tage	Reisedauer mittlere Tage	Reisedauer längste Tage	Zahl der Reisen
Lizard	Beira	81	86	92	2
"	Brisbane	92	104	125	18
"	Calcutta (NO-Monsun)	96	98	99	3
"	" (SW-Monsun)	83	90	98	5
"	Chinde	—	87	—	1
"	Colombo (NO-Monsun)	79	97	109	5
"	Daressalam	83	92	100	4
"	Delagoa Bay	58	73	87	10
"	Dunedin	95	105	110	4
"	East London	68	72	87	12
"	Fremantle	78	92	110	23
"	Geraldton	85	89	95	3
"	Hakodate (Sunda-Straße)	—	121	—	1
"	Hobart	—	108	—	1
"	Hongkong (östl. Durchfahrt)	111	131	146	5
"	" (Sunda-Straße)	92	118	130	6
"	Kapstadt	51	64	89	39
"	Kiautschou (östl. Durchf.)	122	140	153	5
"	" (Sunda-Straße)	115	125	136	5
"	Kobe (rund Australien)	—	156	—	1
"	Launceston	91	94	97	2
"	Lyttelton	82	91	86	2
"	Makassar	101	112	123	5
"	Mauritius	68	81	93	4
"	Melbourne	71	91	117	33
"	Nagasaki (östl. Durchfahrt)	112	150	192	4
"	" (rund Australien)	—	172	—	1
"	" (Sunda-Straße)	105	120	127	6
"	Palele (Celebes)	—	105	—	1
"	Pangani	—	94	—	1
"	Penang (NO-Monsun)	84	124	137	7
"	Port Adelaide	72	90	115	28
"	" Elizabeth	49	65	86	26
"	" Natal	62	77	90	23
"	" Pirie	75	88	110	21
"	Rangoon (NO-Monsun)	85	107	139	21
"	" (SW-Monsun)	92	102	115	3
"	Rockhampton	—	112	—	1
"	Samarang	97	106	120	4
"	Seychellen	—	86	—	1
"	Shanghai (östl. Durchfahrt)	129	151	174	2
"	Singapore (Malakka-Straße)	90	115	138	22
"	" (Sunda-Straße)	82	107	131	22
"	Soerabaja	91	106	123	3
"	Sydney	72	92	118	26
"	Tjilatjap	—	91	—	1
"	Townsville	112	119	126	4
"	Tschifu	—	175	—	1
"	Wallaroo	—	77	—	1
"	Wellington	—	101	—	1
"	Wladiwostok	—	144	—	1
"	" (östl. Durchf.)	—	125	—	1
"	Yokohama	126	142	162	4
"	" (östl. Durchf.)	125	144	159	8
"	" (Sunda-Straße)	114	132	149	7
"	Zanzibar	74	79	84	3
Lyttelton	Callao	—	35	—	1
"	Lizard	83	97	106	8
	Newcastle	—	81	—	1
	Tocopilla	—	77	—	1

Von	Nach	Reisedauer kürzeste Tage	Reisedauer mittlere Tage	Reisedauer längste Tage	Zahl der Reisen
M					
Majunga (Madagaskar) (15° 43' S-Br.)	Nossi Bé I, III, IX	—	2	—	—
„	Tamatave (Madagaskar) X	—	20	—	—
Makassar	Bangkok (SW-Monsun)	—	18	—	1
„	Bassein (SW-Monsun)	22	27	32	2
„	Moulmein (NO-Monsun)	—	43	—	1
Mananzary (Ostküste v. Madagaskar) (21°17' S-Br.)	Réunion	—	11	—	1
„ „ „	Tamatave IV	—	2	—	—
Manila	Hongkong (SW-Monsun)	—	6	—	1
„ (SW-Monsun)	Tuskar-Feuerschiff	103	138	174	2
Manuru (Madagaskar) (19° 47' S-Br.)	Mananzary (Madagaskar) IV (21°17' S-Br.)	—	6	—	—
„ „ „	Nossi Bé VII, VIII	—	10	—	—
Marka	Barawa XI	—	1	—	—
„	Zanzibar X, XI	—	9	—	—
Mauritius	Algoa Bay II	—	16	—	—
„	Fremantle	29	39	49	2
„	Lizard	83	89	106	4
„	Melbourne	31	41	51	8
„	Mioko (Neu-Lauenburg)	—	73	—	1
„	Newcastle (N. S. W.)	41	44	48	2
„	Pensacola	—	89	—	1
„	Port Adelaide	31	35	40	2
„	Taltal	—	86	—	1
„	Tamatave III, X	4	5	6	—
„	Tantang	—	4	—	1
Melbourne	Albany	—	25	—	1
„	East London	—	56	—	1
„	Junin	—	87	—	1
„	Kapstadt	57	74	92	2
„	Lizard (Kap der Guten Hoffnung)	—	106	—	1
„	Lizard (Kap Horn)	76	110	148	20
„	Mauritius	51	61	71	2
„	Newcastle (N. S. W.)	2	7	14	7
„	Port Elizabeth	61	67	74	2
„	Port Natal	—	67	—	1
„	Puget-Sund	—	61	—	1
„	Sydney	6	11	16	2
„	Talcahuano	32	37	43	2
„	Valparaiso	40	42	45	2
Minterano (Madagaskar) 18° 24' S-Br.)	Menabeh (Madagaskar) IV (19° 53' S-Br.)	—	6	—	—
„ „ „	Nossi Bé V	—	9	—	—
Mioko	Apia	21	29	38	2
Montevideo	Hobart	—	57	—	1
„	Newcastle (N. S. W.)	—	60	—	1
„	Sydney	—	76	—	1
Mossel Bay	Tocopilla	—	84	—	1
Moulmein (NO-Monsun)	Lizard	126	127	129	2
„ (Monsunwechsel)	„	123	138	154	2
Mosambique	Ibo IV	—	2	—	—
„	Zanzibar II, III	—	15	—	—
„	„ V	—	5	—	—

Von	Nach	Reisedauer kürzeste Tage	Reisedauer mittlere Tage	Reisedauer längste Tage	Zahl der Reisen
Murundava (Madagaskar) (20° 18′ S-Br.)	Majunga (Madagaskar) I (15° 43′ S-Br.)	—	6	—	—

N

Von	Nach	kürzeste Tage	mittlere Tage	längste Tage	Zahl der Reisen
Nagasaki	Astoria	28	40	58	10
„	Bangkok (Monsunwechsel)	—	89	—	1
„	Iquique	—	95	—	1
„	Puget-Sund	28	38	46	4
„	Rangoon (SW-Monsun)	—	123	—	1
„	Saigon (NO-Monsun)	—	13	—	1
„	San Francisco	—	52	—	1
„	Singapore (NO-Monsun)	—	18	—	1
„	Taltal	—	108	—	1
„	Tschifu	—	6	—	1
„	Yokohama	9	11	14	2
Neu-Caledonien	Lizard	110	117	122	6
Newcastle (N. S. W.)	Acapulco	65	80	96	2
	Antofagasta	47	54	62	6
	Auckland	—	13	—	1
	Banjoewangi	—	82	—	1
	Caldera	45	52	62	3
	Caleta Buena	43	49	57	8
	Caleta Coloso	—	60	—	1
	Callao	46	58	73	6
	Chañaral	—	46	—	1
	Coquimbo	40	52	66	5
	Corinto	—	80	—	1
	Guayaquil	—	59	—	1
	Hongkong	39	43	44	2
	Honolulu	51	63	74	8
	Huasco	—	68	—	1
	Iquique	41	50	64	7
	Junin	58	60	62	2
	Lyttelton	—	15	—	1
	Manila	62	72	82	2
	Mazatlan	59	62	65	2
	Mollendo	59	60	61	2
	Panama	74	98	122	5
	Pisagua	40	54	69	2
	Port Elizabeth (Kap der Guten Hoffnung)	—	67	—	1
„	Port Elizabeth (Kap Horn)	—	69	—	1
„	Port Pirie	—	24	—	1
„	Salaverry	—	79	—	1
„	San Diego	73	80	88	2
„	San Francisco	49	63	81	7
„	Taltal	42	56	69	8
„	Tocopilla	40	47	57	6
„	Valparaiso	36	46	58	35
New York	Adelaide	84	94	114	4
„	Anjer	96	104	111	5
„	Brisbane	—	109	—	1
„	Fremantle	82	88	94	2
„	Hakodate (Sunda-Straße)	—	190	—	1
„	Hongkong (östl. Durchfahrt)	140	149	158	2
„	„ (Sunda-Straße)	106	125	144	3
„	Melbourne	87	101	108	5
„	Otago	—	106	—	1
„	Rangoon	—	124	—	1
„	Sydney	77	91	105	3
„	Wellington	100	110	117	3
„	Yokohama (östl. Durchfahrt)	135	160	188	11

Von	Nach	Reisedauer kürzeste Tage	Reisedauer mittlere Tage	Reisedauer längste Tage	Zahl der Reisen
New York	Yokohama (rund Australien)	189	159	181	4
"	" (Sunda-Straße)	124	136	152	9
Ngonzy (Madagaskar) (15° 16' S-Br.)	Fénérive (Madagaskar) (17° 23' S-Br.) VIII	—	4	—	
"	" V	—	10	—	
"	Vohemar (Madagaskar) XI (13° 23' S-Br.)	—	8	—	
Nossi Bé	Algoa Bay III	—	17	—	
"	Majunga (Madagaskar) VIII (15° 43' S-Br.)	—	2	—	
"	Minterano (Madagaskar) IV (13° 24' S-Br.)	—	16	—	
"	Mozambique XII	—	11	—	
"	Zanzibar I	—	11	—	
"	" III, VIII	5	6	8	—
"	" IX, X	—	8	—	
Nusa	Fair Island	—	147	—	1

O

Von	Nach	kürzeste	mittlere	längste	Zahl
Olehleh	Rangoon (SW-Monsun)	—	11	—	1

P

Von	Nach	kürzeste	mittlere	längste	Zahl
Palele (Celebes)	Port Adelaide	—	45	—	1
Panaroekan	Samarang	—	3	—	1
Pekalongan	Barbados	—	114	—	1
Penang	Akyab (NO-Monsun)	16	27	39	2
"	Bangkok (NO-Monsun)	—	17	—	1
"	Bassein (NO-Monsun)	—	24	—	1
" (NO-Monsun)	Lizard	—	124	—	1
"	Rangoon (NO-Monsun)	11	13	16	2
" (NO-Monsun)	Singapore	6	6	6	2
Philadelphia	Hiogo (rund Australien)	126	143	184	8
"	" (östl. Durchfahrten)	123	155	205	15
"	" (Sunda-Straße)	109	132	153	12
"	Nagasaki (rund Australien)	141	158	180	4
"	" (östl. Durchfahrt.)	124	160	207	7
"	" (Sunda-Straße)	110	126	141	4
Ponape	Yap	—	8	—	1
Port Adelaide	Albany	—	12	—	1
"	East London	60	62	64	2
"	Lizard (Kap Horn)	91	126	176	9
"	Lyttelton	—	18	—	1
"	Melbourne	4	6	9	3
"	Newcastle (N. S. W.)	9	14	23	8
"	Port Natal	—	60	—	1
"	Port Pirie	—	2	—	1
"	Sydney	6	10	12	3
Port Augusta	Kapstadt	—	71	—	1
"	Lizard (Kap der Guten Hoffnung)	115	125	144	3
Port Broughton	Port Elizabeth	—	80	—	1
Port Elizabeth	Albany	30	32	35	2
"	Apia	57	76	95	2
"	Banjuwangi	—	41	—	1
"	Barbados	—	54	—	1
"	Buenos Aires	—	67	—	1
"	Chittagong (NO-Monsun)	—	103	—	1

Von	Nach	Reisedauer			Zahl der Reisen
		kürzeste Tage	mittlere Tage	längste Tage	
Port Elizabeth	Delagoa Bay	6	8	10	5
„ „	Geelong	—	36	—	1
„ „	Hamelin	—	27	—	1
„ „	Kwandang	—	79	—	1
„ „	Lizard	64	75	86	2
„ „	Manila (Sunda-Straße)	—	89	—	1
„ „	Mauritius	—	22	—	1
„ „	Melbourne	—	42	—	1
„ „	Newcastle (N. S W.)	37	43	56	7
„ „	Otago	—	43	—	1
„ „	Port Adelaide	36	40	45	5
„ „	„ Natal	7	7	8	2
„ „	„ of Spain	—	48	—	1
„ „	Rangoon (Monsunwechsel)	67	75	84	2
„ „	„ (NO-Monsun)	61	66	71	2
„ „	Savannah	—	65	—	1
„ „	Singapore (Sunda-Straße)	—	86	—	1
„ „	Sydney	37	45	53	2
„ „	Taltal	—	73	—	1
„ „	Wallaroo	—	33	—	1
Port Natal	Albany	27	31	35	2
„	Anjer	31	32	33	2
„	Barbados	—	51	—	1
„	Buenos Aires	—	51	—	1
„	Bunbury	22	29	41	4
„	Calcutta (NO-Monsun)	—	58	—	1
„	„ (SW-Monsun)	—	37	—	1
„	„ (Monsunwechsel)	58	60	63	2
„	Delagoa Bay	5	6	7	2
„	Elizabeth, Port	—	6	—	1
„	Fremantle	27	28	29	2
„	Gorontalo	—	46	—	1
„	Hobart	—	34	—	1
„	Kiliman II	—	15	—	—
„	Kap Otway	—	31	—	1
„	Komoren-Insel VIII	—	19	—	—
„	Lifuka	—	67	—	1
„	Mauritius	—	22	—	1
„	Melbourne	—	38	—	1
„	Newcastle (N. S. W.)	37	40	43	5
„	Port Adelaide	31	36	45	4
„	Rangoon (NO-Monsun)	62	65	69	2
„	„ (Monsunwechsel)	—	82	—	1
„	Rio de Janeiro	—	49	—	1
„	Santa Cruz del Sur	68	71	74	2
„	Savannah	80	80	81	2
„	St. Thomas	—	54	—	1
„ „	Taltal	—	62	—	1
„ „	Wallaroo	—	27	—	1
Port Pirie	East London	—	70	—	1
	Kapstadt	55	64	74	2
	Lizard (Kap der Guten Hoffnung)	110	127	138	4
„ „	Lizard (Kap Horn)	83	110	152	17
„ „	Montevideo (Kap Horn)	—	80	—	1
„ „	Newcastle (N. S. W.)	5	10	18	7
„ „	Port Elizabeth	—	70	—	1
„ „	Sydney	—	14	—	1
„ „	Taltal	34	45	56	2
Port Victoria	Port Adelaide	—	7	—	1
„ „	Port Elizabeth	—	73	—	1
Puget-Sund	Adelaide	—	71	—	1
„ „	Fremantle	—	86	—	1

Von	Nach	Reisedauer kürzeste Tage	Reisedauer mittlere Tage	Reisedauer längste Tage	Zahl der Reisen
Puget-Sund	Kapstadt	—	89	—	1
„ „	Melbourne	—	74	—	1
„ „	Port Elizabeth	—	89	—	1
„ „	Sydney	66	66	67	2
Punta Indio (La Plata)	Mauritius	—	52	—	1

R

Von	Nach	kürzeste	mittlere	längste	Zahl
Rangoon	Bassein (SW-Monsun)	—	5	—	1
„ (Monsunwechsel)	Kap Frio	—	141	—	1
„ (NO-Monsun)	Lizard	102	120	153	9
„ (SW-Monsun)	„	103	137	191	21
„ (Monsunwechsel)	„	91	125	167	25
„ (NO-Monsun)	Rio de Janeiro	77	98	115	6
„ (SW-Monsun)	„ „ „	83	102	141	8
„ (Monsunwechsel)	„ „ „	100	105	111	4
„ (NO-Monsun)	Santos	—	112	—	1
„ (SW-Monsun)	„	—	144	—	1
„ (Monsunwechsel)	„	96	104	113	3
„ (NO-Monsun)	Talcahuano	97	104	111	2
Réunion	Newcastle (N. S. W.)	—	40	—	1
„	Taltal	—	55	—	1
Rio de Janeiro	Adelaide	48	60	73	2
„ „ „	Brisbane	—	68	—	1
„ „ „	Melbourne	—	53	—	1
„ „ „	Newcastle (N. S. W.)	52	56	61	4
„ „ „	Otago (N. S.)	—	51	—	1
„ „ „	Rangoon (NO-Monsun)	83	86	92	3
„ „ „	„ (Monsunwechsel)	95	103	113	3
„ „ „	Wallaroo	—	55	—	1
Rockhampton	Newcastle	—	9	—	1
„	Puget-Sund	—	78	—	1
Rockingham	Lizard	101	109	121	6
„	Port Natal	—	32	—	1

S

Von	Nach	kürzeste	mittlere	längste	Zahl
Saigon (Monsunwechsel)	Lizard	104	116	128	2
„ (SW-Monsun)	„	118	126	135	2
„ (Monsunwechsel)	Réunion	—	38	—	1
Samarang	Bantjar	—	2	—	1
„	Lizard	105	107	118	4
„	Panaroekan	—	6	—	1
„	Philadelphia	—	131	—	1
„	Port Natal	28	43	59	2
„	Valparaiso	—	71	—	1
Sambava (Madagaskar) (14° 12' S-Br.)	Antala (Madagaskar) V (14° 54' S-Br.)	—	11	—	
Ste. Marie (Madagaskar) (17° 0' S-Br.)	Ngonzy (Madagaskar) I (15° 16' S-Br.)	—	3	—	
San Francisco	Kapstadt	71	88	92	3
„ „	Newcastle (N. S. W.)	—	35	—	1
„ „	Sydney	44	50	55	2
„ „	Wallaroo	—	57	—	1
Sankt Helena	Singapore (Malakka-Straße)	—	88	—	1
Santa Rosalia	Newcastle (N. S. W.)	55	70	81	3
„ „	Wallaroo	—	69	—	1
Santos	Adelaide	—	50	—	1
„	Fremantle	—	47	—	1
„	Newcastle (N. S. W.)	50	56	63	2

Von	Nach	Reisedauer kürzeste Tage	Reisedauer mittlere Tage	Reisedauer längste Tage	Zahl der Reisen
Santos	Rangoon (NO-Monsun)	73	78	83	2
„	„ (Monsunwechsel)	83	85	88	2
„	Sydney	—	65	—	1
„	Townsville	—	66	—	1
Savannah	Anjer	—	109	—	1
Seychellen	Bird-Insel	—	7	—	1
„	Lizard	—	121	—	1
„	Melbourne	—	49	—	1
Shanghai	Astoria	—	44	—	1
„	Puget-Sund	45	48	51	2
Singapore	Akyab (Monsunwechsel)	—	26	—	1
„	Bangkok (NO-Monsun)	12	17	20	4
„	„ (SW-Monsun)	7	9	12	2
„	„ (Monsunwechsel)	9	12	15	2
„	Bassein (NO-Monsun)	13	23	32	4
„	„ (SW-Monsun)	8	15	21	3
„	„ (Monsunwechsel)	—	17	—	1
„	Boston	92	102	112	2
„	Lissabon	—	132	—	1
„	Lizard	94	117	151	5
„	Nagasaki (SW-Monsun)	—	19	—	1
„	Nantes	—	108	—	1
„	New York	102	117	143	6
„	Penang (Monsunwechsel)	—	6	—	1
„	Rangoon (NO-Monsun)	12	15	21	4
„	„ (SW-Monsun)	10	17	24	6
„	„ (Monsunwechsel)	15	19	23	6
„	Soerabaja	—	27	—	1
Soerabaja	Barbados	—	106	—	1
„	Manila (SW-Monsun)	—	19	—	1
„	Philadelphia	128	141	155	2
„	Rangoon (SW-Monsun)	—	40	—	1
„	Singapore	5	22	39	2
„	Tegal	—	9	—	1
Stephen-Insel	Newcastle (N. S. W.)	—	12	—	1
Sydney	Jaluit	27	31	36	2
„	Kapstadt	—	71	—	1
„	Lizard	79	109	142	24
„	Matupi	—	19	—	1
„	Melbourne	—	5	—	1
„	Port Pirie	—	19	—	1
„	San Francisco	—	64	—	1
„	Shanghai	—	60	—	1
„	Taltal	—	44	—	1
„	Valparaiso	—	51	—	1

T

Von	Nach	kürzeste	mittlere	längste	Zahl
Tamatave (18° 10' S-Br.)	Mananhar (Madagaskar) X (16° 9' S-Br.)	—	3	—	—
„	Manuru (Madagaskar) III (19° 47' S-Br.)	—	4	—	—
„	Mauritius II, X	6	7	8	—
„	Ngonzy (Madagaskar) VI, VIII (15° 16' S-Br.)	2	2	3	—
„	Nossi Bé (Madagaskar) I, II	—	12	—	—
„	„ „ III	—	7	—	—
„	„ „ V, VI	—	4	—	—
„	„ „ VIII bis XI	—	7	—	—
„	Ste. Marie (Madagaskar) I (17° 0' S-Br.)	—	4	—	—
„	Zanzibar II	—	10	—	—
Tampa	Adelaide	—	146	—	1

Von	Nach	Reisedauer kürzeste Tage	Reisedauer mittlere Tage	Reisedauer längste Tage	Zahl der Reisen
Tampa	Anjer	—	118	—	1
„	Melbourne	—	141	—	1
„	Yokohama (rund Australien)	155	159	163	2
„	„ (Sunda-Straße)	—	166	—	1
Tegal	Melbourne	38	47	56	2
„	Rangoon (Monsunwechsel)	—	39	—	1
Tjilatjap	Soerabaja	—	14	—	1
Toeban	Singapore	—	32	—	1
Townsville	Lizard	113	127	141	3
„	Newcastle	14	16	19	2
„	Rockhampton	—	8	—	1
Tschifu	Astoria	—	50	—	1
„	Puget-Sund	—	60	—	1

V

Von	Nach	kürzeste	mittlere	längste	Zahl
Vohemar (Madagaskar) (13° 23′ S-Br.)	Nossi Bé XI	—	3	—	—

W

Von	Nach	kürzeste	mittlere	längste	Zahl
Wallaroo	East London	—	69	—	1
„	Kapstadt	—	47	—	1
„	Lizard (Kap d. Gut. Hoffnung)	—	103	—	1
„	„ (Kap Horn)	103	120	130	5
„	Townsville	—	17	—	1
„	Valparaiso	40	41	43	2
Wellington	Nouméa	—	18	—	1
Wladiwostock	Puget-Sund	30	33	37	2
„	Taltal	—	105	—	1

Y

Von	Nach	kürzeste	mittlere	längste	Zahl
Yokohama	Astoria	23	31	44	18
„	Bangkok (NO-Monsun)	—	23	—	1
„	Caleta Buena	—	96	—	1
„	Hakodate	—	12	—	1
„	Iquique	85	85	86	2
„	Kobe	17	17	18	2
„	Puget-Sund	22	31	47	13
„	Taltal	79	85	92	3

Z

Von	Nach	kürzeste	mittlere	längste	Zahl
Zanzibar	Barawa X	—	3	—	—
„	„ XII	—	14	—	—
„	Calcutta (NO-Monsun)	—	58	—	1
„	Fremantle	—	66	—	1
„	Kismayo X	—	2	—	—
„	Lamu X	—	2	—	—
„	Mozambique I	—	6	—	—
„	„ III	—	16	—	—
„	„ V, VI	—	20	—	—
„	„ VIII	—	13	—	—
„	„ XI	—	9	—	—
„	Nossi Bé III, IV, V	—	15	—	—
„	„ „ VII, VIII	—	19	—	—
„	„ „ IX, X, XI	—	14	—	—
„	„ „ XII	—	6	—	—
„	Tamatave I	—	9	—	—
„	„ IV, IX, X	—	26	—	—

Kurze Anweisungen für Ausreisen.

1. Von der Länge des Kaps der Guten Hoffnung nach Osten.

Breiten zum Ablaufen der Länge.

	Dez. Jan. Febr.	März	April	Mai	Juni Juli Aug.	Sept.	Okt.	Nov.
Auf Reisen nach dem Golf v. Bengalen und der nördlichen Einfahrt in d. Malakka-Straße, nach der Sunda-Straße oder den östlichen Durchfahrten	S.-Br. 45°	S.-Br. 44½°	S.-Br. 44°	S.-Br. 44°	S.-Br. 43°	S.-Br. 44°	S.-Br. 44°	S.-Br. 44½°
Nach Australien oder den Südsee-Inseln	47½°	45½°	45°	44°	43°	44°	45°	45½°

Ohne besonderen Grund (z. B. Eis oder östliche Winde) sollte man von diesen Breiten nicht wesentlich abweichen.

Abweichen nach Norden.

Weiß man, daß sich in den oben gegebenen Breiten große Eistriften befinden, so wird man sich nördlich davon zu halten suchen. Ferner sollte man bei östlichen Winden und niedrigem Luftdruck auf St-B.-Halsen segeln, um die bessere Gelegenheit weiter nördlich zu finden.

Abweichen nach Süden.

Dagegen sollte man bei östlichen Winden und hohem Luftdruck auf B-B.-Halsen segeln. Auch empfiehlt es sich bei hoch nördlichem Winde, die Rahen etwas frei zu holen und gut voll zu halten, wenn man damit mehr Ost macht, als man mit scharf angeholten Rahen dicht am Winde steuernd machen würde. Kommt man damit etwas südlicher, als man eigentlich will, so findet man Gelegenheit, die Breite wieder zu bekommen, wenn der Wind raum oder bis SW oder noch südlicher gegangen ist. Da Seegang und Dünung von Südwesten vorzuherrschen pflegen, ist es für ein Schiff im allgemeinen leicht, einen Kurs nördlich von Ost zu steuern. Und häufiger, als mit nördlichen bis nordöstlichen Winden zu weit südlich, werden Schiffe mit südlichen bis südöstlichen Winden zu weit nördlich, zu nahe an den hohen Luftdruck der Roßbreiten gedrängt, wenn sie nicht beizeiten auf B-B.-Halsen gehen.

2. Nach der Ostküste von Afrika oder der Westküste Madagaskars.

a. Nach zwei oder mehr Häfen an der Südostküste Afrikas sollten sich Segler schon im Ladehafen darauf einrichten, zuerst den nordöstlichen Hafen anzulaufen, da sie leichter von einem nordöstlichen nach einem südwestlichen Hafen, z. B. leichter von Port Natal nach East London kommen können, als umgekehrt. 20° O-Lg. überschreite man in ? bis 37½° S-Br.

b. Nach East London darf man im südlichen Winter unweit der Küste nordostwärts steuern, wenn man hier Gelegenheit dazu findet; sicherer ist es aber, sich ähnlich wie im Sommer zu verhalten. Im südlichen Sommer laufe man außerhalb der Agulhas-Strömung nach Osten und steuere erst von hier quer durch die Strömung auf die Küste zu, wenn man sicher ist, nördlich von East London Land zu machen.

c. Nach Port Natal überschreite man 35° S-Br. in 31 bis 32° O-Lg., steuere in 33 bis 34° O-Lg. nach Norden und erst von etwa 30° S-Br. an nordwestlich, um das Land nördlich von Port Natal zu machen.

d. Nach der Delagoa-Bucht schneide man 35° S-Br. in 33° O-Lg., 30° S-Br. in 36 bis 37° O-Lg., steuere dann bis 27° S-Br. nach Norden und erst von hier aus auf nordwestlichem Kurse nach der Küste. Da man hier bereits im Gebiet der östlichen Winde ist, lasse man sich nicht zu zeitig an die Küste drängen, besonders nicht im südlichen Sommer.

e. Nach allen Plätzen, wohin der Weg durch den Mozambique-Kanal führt, halte man sich auf dessen Ostseite. Im Nordost-Monsun, von Mitte Oktober bis Anfang Februar, schneide man 30° S-Br. so östlich, daß nur noch wenig Ost gutzumachen ist. Es schadet nicht, 30° S-Br. östlich von 42° O-Lg. zu schneiden, und schrale NW- oder N-Winde kann man zu diesem Zwecke auf B-B.-Halsen ausnutzen. Im südlichen Monsun, von Februar bis Mitte Oktober, kann man sich westlicher halten und sollte 35° S-Br. in 36° O-Lg., 30° S-Br. in 40° O-Lg., 25 und 20° S-Br. in 41° O-Lg. schneiden, man darf aber bei schwachen östlichen Winden 30° S-Br. auch wohl in 39 bis 38° O-Lg. überschreiten. Kilimán oder einen anderen Platz an der Bucht von Sofala steuere man im Süd-Monsun von Süden her an und mache schon bei südlich davon Land.

f. Nach Mozambique. Im Nordost-Monsun steuere man in $42^{1}/_{2}$ bis 43° O-Lg. nach Norden und überschreite $42^{1}/_{2}$ O-Lg. erst wieder nach Westen hin, wenn man den Bestimmungsort WNW oder gar W von sich hat. Im Süd-Monsun steuere man über $16^{1}/_{2}$° S-Br. in 42° O-Lg. nach dem Bestimmungsorte.

g. Nach Ibo. Im Nordost-Monsun steuere man östlich von Juan de Nova nach Norden und hole in 15° S-Br. etwa 44° O-Lg. an, wenn es geht. Man ist dann sicher, den Hafen auch bei NO-Wind auf St-B.-Halsen zu erreichen. Im Süd-Monsun steuere man 15° S-Br. in 42.4° O-Lg. an, je nach Stärke und Richtung des Windes aber $13^{1}/_{2}$ bis 14° S-Br. in 42° O-Lg. Beim Ansteuern des Hafens ist darauf Bedacht zu nehmen, daß auch in dieser Jahreszeit oft starke Strömung nach S bis SSW setzt.

h. Nach einem Platze nördlich von Kap Delgado. Im Nordost-Monsun, von November bis Februar segle man zwischen den Komoren durch und an der Ostseite von Groß-Komoro oder doch nicht weit westlich davon weiter. 10° S-Br. suche man in 42 bis 43° O-Lg. zu erreichen. Von 10° S-Br. in 44° O-Lg. dürfte gewöhnlich auf einem Schlage mit St-B.-Halsen Zanzibar angeholt werden. Sollte man gleichwohl zu kurz kommen, so kreuze man in der Nähe des Landes auf, weil hier auch im Nordost-Monsun fast immer nördliche Strömung setzt. Im Süd-Monsun nehme man bis 15° S-Br. den Weg 2 g, schneide dann aber 10° S-Br. in etwa 41° O-Lg. Die Strömung setzt jetzt stark nach Norden, und da der südliche Wind oft steif ist, hüte man sich, am Bestimmungsort vorbei zu treiben.

i. Nach Nossi Bé (Madagaskar) nehme man, der östlichen Lage des Bestimmungsortes entsprechend, schon die Schnittpunkte von 30 und 20° S-Br. östlicher, im übrigen aber die Wege, die für Reisen nach Zanzibar angegeben sind.

3. Nach der Ostküste Madagaskars oder nach den benachbarten Inseln.

Man überschreite 20° O-Lg. in 40 bis 38° S-Br. und segle über die folgenden Schnittpunkte.

a. Nach Tamatave, Mauritius oder Rodriguez. 30° S-Br. schneide man: Nach Tamatave in etwa 52° O-Lg., nach Mauritius in etwa 60° O-Lg., nach Rodriguez in etwa 66° O-Lg.; im südlichen Sommer lieber noch etwas östlicher, im südlichen Winter vielleicht schon etwas westlicher. 35° S-Br. sollte man nur 3 bis 4° westlicher überschreiten als 30° S-Br., weil namentlich im südlichen Sommer die Grenze der schralen östlichen Winde oft schon südlich von 30° S-Br. angetroffen wird. Auf Reisen nach einer der Inseln vermeide man den Windschatten in ihrer Leeseite und steuere östlich davon nach Norden.

b. Nach den Seychellen nehme man gewöhnlich den Weg 5 b, Ost um Madagaskar. Wenn man aber 20° O-Lg. im Mai und vor Ende Juli überschreitet, kann man auch durch den Mozambique-Kanal gehen, namentlich wenn man außergewöhnlich früh nach Norden gedrängt wird und schlecht Ost anholen kann. Man sollte auf diesem Wege die Breite von Kap Amber so östlich wie möglich überschreiten, um die Seychellen sicher auf St-B.-Halsen anzuholen. Hat man 20° O-Lg. nach Ende Juli überschritten, so gehe man nicht mehr durch den Mozambique-Kanal.

4. Nach dem Golf von Aden.

a. Im Südwest-Monsun, wenn 20° O-Lg. im März bis einschließlich August geschnitten wird, nehme man den Weg 2 e, steuere in etwa 45° O-Lg. über die Linie und in höchstens 100 Sm Abstand von der afrikanischen Küste nach Norden, dann weiter hin nahe um Ras Hafun und Kap Guardafui herum.

b. Im Nordost-Monsun, wenn 20° O-Lg. von Anfang September bis Ende Februar geschnitten wird, steuere man östlich von Rodriguez nach Norden (vgl. 3a), in etwa 65° O-Lg. über die Linie, auf St-B.-Halsen östlich von Socotra entlang und dann in den Golf hinein.

5. Nach dem Golf von Persien oder Karátshi.

a. Wenn 20° O-Lg. im April und bis Ende Juni geschnitten wird, nehme man den Weg 4a, aber natürlich östlich von Socotra entlang.

b. Wenn 20° O-Lg. im Juli oder im August geschnitten wird, nehme man den Weg östlich von Madagaskar und westlich von den Farquhar-Inseln und den Seychellen. Man überschreite 35° S-Br. nicht westlich von 47° O-Lg. und 30° S-Br. nicht westlich von 50° O-Lg., eher noch einige Grade östlicher. Weiterhin schneide man 10° N-Br. in etwa 55° O-Lg.

c. Wenn 20° O-Lg. im September oder bis zum 20. Oktober geschnitten wird, so nehme man den Schnittpunkt von 35° S-Br. östlich von 61° O-Lg. und den von 30° S-Br. östlich von 65° O-Lg., dann segle man westlich von den Chagos-Inseln nach Norden und überschreite die Linie zu Anfang des Monsuns in 67°, wenn er schon voll eingesetzt hat in 70° O-Lg. Im Oktober pflegt man bis 12°, im November bis 8° N-Br. westliche Winde zu haben, bei denen man auf B-B.-Halsen segeln muß.

d. Wenn 20° O-Lg. zwischen dem 20. Oktober und dem 20. Januar geschnitten wird, so überschreite man 30° S-Br. erst in 75° O-Lg., steuere in 75 bis 80° O-Lg. durch den SO-Passat und segle mit den nordwestlichen Winden zwischen 10° S-Br. und der Linie vollweg auf B-B.-Halsen, um die Linie östlich von 80°, und 5° N-Br. östlich von 82° O-Lg. zu schneiden. Man sollte dann auf St-B.-Halsen Kap Comorin anholen und die Reise unter der Küste fortsetzen.

e. Wenn 20° O-Lg. vom 20. Januar bis Ende Februar geschnitten wird, so überschreite man 30° S-Br. östlich von 65° O-Lg., steuere östlich von Rodriguez und westlich von den Chagos-Inseln nach Norden und schneide die Linie in 67 bis 70° O-Lg. Hier wird man (im März) wahrscheinlich nordöstlichen Wind erhalten und sollte dabei einen Schlag auf St-B.-Halsen machen, bis man aus der stärksten Weststströmung heraus ist. Dann kreuze man nach Norden, bis man Karátshi nordöstlich von sich hat und auf einem langen Schlage mit B-B.-Halsen darauf zusegeln kann. Kommt man zu kurz, so muß man mit See- und Landbrisen unter Land aufarbeiten. Nach dem Golf von Persien kreuze man von etwa 10° N-Br. in 65° O-Lg., nach 20° N-Br. in 60° O-Lg., wo man vor der arabischen Küste günstigen Strom und Gelegenheit zu einem langen Schlage auf B-B.-Halsen nach der Küste von Belutshistan hinüber erwarten darf.

f. Wenn 20° O-Lg. im März geschnitten wird, und wenn man glaubt, die Linie vor dem 10. April zu erreichen, so nehme man den Weg 5e. Glaubt man die Linie erst nach dem 10. April zu erreichen, so nehme man den Weg 5b. Findet man auf diesem Wege noch keinen südlichen Monsun, so darf man ihn doch von Tag zu Tag erwarten.

6. Nach Bombay.

a. Wenn man 20° O-Lg. im April geschnitten hat, so nehme man den Weg 4a und halte sich im Arabischen Meere gut nördlich vom geraden Wege nach Bombay.

b. Wenn man 20° O-Lg. im Mai bis einschließlich August schneidet, kann man zwar auch noch den Weg 6a nehmen, nur würde man die Linie in etwa 48° O-Lg., und 10° N-Br. in etwa 58° O-Lg. überschreiten. Im ganzen empfehlenswerter ist in dieser Zeit aber der mittlere Weg, vgl. 5b, auf dem man dann aber die Linie westlich von 55° und 10° N-Br. westlich von 62° O-Lg. überschreiten sollte. Noch besser ist vielleicht der östliche Weg. Auf diesem steuere man nach 3a bis Mauritius, dann westlich von den Cargadas Carazos und zwischen den Seychellen und der Saya de Malha-Bank hindurch recht nach Nord oder auf St-B.-Halsen voll weg. Die Linie sollte man nicht östlicher, als in 60° O-Lg., und 10°

N-Br. nicht östlicher, als in 65° O-Lg. schneiden. Auf der letzten Strecke hat man dann raumen Wind, daher kann man schon im Südost-Passat so voll halten, daß man in einer gegebenen Zeit möglichst viel Nord gut macht.

c. In der Zeit des Nordost-Monsuns nehme man die Wege 5c, 5d, 5e oder 5f je nach der Zeit, in der man 20° O-Lg. überschreitet.

7. Nach Ceylon.

a. In der Zeit des Südwest-Monsuns, wenn man 20° O-Lg. von Anfang April bis Ende August überschreitet, kann man den Weg östlich von Mauritius nehmen, vgl. 3a, und wenn man an der Saya de Malha-Bank vorbei ist, die Linie in 64 bis 65° O-Lg. ansteuern. Man kann auch, namentlich wenn man im Süden gute Gelegenheit findet, östlich von Rodriguez, vgl. ebenfalls 3a, nach Norden steuern. Endlich kann man auch in 70 bis 75° O-Lg. nach Norden laufen. Kommt man an der Westseite der Chagos-Inseln nach Norden, so nehme man den Weg durch den 1½°-Kanal. Kommt man östlich von den Chagos-Inseln nach Norden, so beachte man, um nicht zu weit nach Lee zu kommen, daß die starke östliche Strömung vor der Südküste Ceylons oft schon in 5° S-Br. beginnt und mit mehr als drei Kn Geschwindigkeit laufen kann. Zwischen 75 und 80° O-Lg. pflegt der Südwest-Monsun aus WSW bis W zu wehen.

b. In der Zeit des Nordost-Monsuns nehme man, je nachdem 20° O-Lg. überschritten wird, die Wege 5c, 5d, 5e oder 5f und beachte das Folgende: Im Oktober und November segle man schon östlich von den Chagos in etwa 75° O-Lg. nach Norden bis zur Linie, von wo aus man Ceylon bei westlichem Winde erreicht. Gegen Ende November sollte man die Linie schon einige Grad weiter östlich überschreiten. Später überschreite man sie gut östlich von 80°, und selbst im März sollte man sie noch weit östlicher, in 83 bis 84° O-Lg. überschreiten, weil dann die Strömung vor Ceylon stark nach W bis SW setzt.

8. Nach dem Golf von Bengalen.

Wenn man keine höhere Breite als 44½° S-Br. ansteuern will, führt der kürzeste Segelschiffsweg von der Passatgrenze im Südatlantischen Ozean über die folgenden Schnittpunkte nach dem Golf von Bengalen:

Von 30.0° S-Br. in 25.5° W-Lg.	44.0° S-Br. in 17.8° O-Lg.	42.0° S-Br. in 57.1° O-Lg.
nach 35.0 ,, ,, 16.0 ,,	44.5 ,, ,, 28.5 ,,	40.0 ,, ,, 64.8 ,,
38.0 ,, ,, 8.8 ,,	44.5 ,, ,, 33.5 ,,	38.0 ,, ,, 70.8 ,,
40.0 ,, ,, 2.8 ,,	44.0 ,, ,, 44.2 ,,	35.0 ,, ,, 73.0 ,,
42.0 ,, ,, 4.9 ,,	43.0 ,, ,, 51.9 ,,	30.0 ,, ,, 87.5 ,,

Diese Schnittpunkte sollen nur zum allgemeinen Anhalt dienen.

a. Schnittpunkte im Indischen Ozean zur Zeit des Nordost-Monsuns. Von 35 bis 30° S-Br. mache man im Oktober und November etwa 3° O-Lg., im Januar, Februar und März 2° oder 1° O-Lg. gut.

Wenn 80° O-Lg. überschritten wird	30° S-Br. in O-Lg.	10° S-Br. in O-Lg.	5° S-Br. in O-Lg.	die Linie in O-Lg.
In der zweiten Hälfte Oktober und im November............	89° bis 90°	—	91° bis 92°	92° bis 93°
Dezember, Januar, Februar	87° ,, 88°	88° bis 89°	—	91°, etwas östl. im Dez., etwas westlich. im Januar u. Februar
März, erste Hälfte............	87°	—	—	
zweite Hälfte.........	86°	87° bis 88°	—	88° bis 90°

Wird man durch Ostwind schon einige Grad weiter westlich nach Norden gedrängt, so lasse man es darauf ankommen, daß man die erforderliche Ost-Länge im Nordwest-Monsun nachholen kann. Wird man zu einem östlicheren Schnittpunkte von 30° S-Br. geführt, so halte man im SO-Passat voll weg, um die Linie auf den angegebenen Schnittpunkten zu überschreiten. Auf Nordbreite setze man den Kurs auf die Durchfahrt zwischen Pulo Bras und Groß-Nikobar, und wenn der Wind schralt, kreuze man weiter.

b. **Nach Moulmein, Rangoon oder Bassein im Nordost-Monsun.** Im November und Dezember kann man meistens zwischen Pulo Bras und Groß-Nikobar durch in die Andamanen-See segeln. Dort halte man sich vor der Festlandküste. Nach Ende Januar sollte man aber die Tenasserim-Küste bei der Torres-Insel verlassen und an der Westseite der Andamanen-See weiter kreuzen, um später von den nordwestlichen Winden an der Festlandküste Vorteil zu haben. Kreuzt man westlich von den Nikobaren und Andamanen nach Norden, so gehe man vor Ende Januar südlich von den Preparis-Inseln nach der Tenasserim-Küste hinüber, ehe man weiter nach Norden kreuzt. Nach Ende Januar gehe man immer durch den Preparis-Nordkanal, um den nordwestlichen Wind auszunutzen. Nach Bassein empfiehlt sich der Weg westlich von den Andamanen schon nach Ende Januar. Gegen Ende des NO-Monsuns segle man auf St.-B.-Halsen nach der Westseite des Golfes hinüber, nach Akyab von Februar, nach Bassein oder Rangoon von Mitte März an. Man halte sich dicht unter der Küste von Hindustan und steuere erst nach der Ostseite des Golfes, wenn man die südwestlichen oder nordwestlichen Winde im März in etwa $12°$ N-Br., im April in etwa $13^{1}/_{2}°$ N-Br. erfaßt hat. Geht man zu früh nach Osten, so gerät man leicht in Stillen und nordöstliche Winde. Kommt man Ende März oder im April in den Golf, so braucht man nur so viel Süd, daß man sich auf St.-B.-Halsen von Ceylon freisegeln kann. Vor der Madras-Küste findet man dann schon raumen Wind.

c. **Nach Calcutta oder Chittagong im Nordost-Monsun.** Bis zur Linie verfahre man nach 8a. Im November kreuze man nach Calcutta an der Westseite der Andamanen und suche $19^{1}/_{2}°$ N-Br. gut östlich zu erreichen. Nach Chittagong kann es sich empfehlen, nach 8b zu verfahren und auf St.-B.-Halsen dicht am Aguada-Riff entlang nach NW zu segeln. Im Dezember nehme man nach beiden Plätzen den Weg an der Westseite der Nikobaren und Andamanen. In der ersten Hälfte Januar suche man $5°$ N-Br. östlich von $90°$ O-Lg. zu schneiden. Der Küste von Hindustan nähere man sich erst in $19^{1}/_{2}°$ N-Br. In der zweiten Hälfte Januar schneide man $5°$ N-Br. in 87 oder $88°$ O-Lg., halte sich bis $9^{1}/_{2}°$ N-Br. nur wenig westlicher und gehe erst nördlich von Vizagapatan an die Küste. Im Februar steuere man den Golf in $84^{1}/_{2}°$ O-Lg. oder etwas östlicher an. Sollte man an die Nordostseite von Ceylon gedrängt werden, so arbeite man in mäßigem Abstande vom Lande weiter. Im März kann man schon an die Ostküste von Ceylon und an die Festlandküste schon südlich von Pondicherry hinan gehen. Nach Calcutta steuere man False Point an, wobei zu beachten ist, daß nördlich von $19.3°$ N-Br. östliche Strömung setzt. Im April findet man auf der Westseite des Golfes schon überall raumen Wind. Die Strömung biegt auf etwa $18.3°$ N-Br. nach Osten und vor der Aracan-Küste nach Südosten und Süden.

d. **Nach Madras und anderen Häfen an der Westseite des Golfes im Nordost-Monsun** kann man die Schnittpunkte im SO-Passat etwas westlicher nehmen als in 8a, und braucht im November, Dezember und Januar den Golf kaum so östlich anzusteuern, wie in 8c angegeben ist, um dennoch den Bestimmungsort auf St.-B.-Halsen zu erreichen. Von Februar an folge man den Anweisungen von 8c; man lasse sich durch den Küstenstrom aber nicht am Bestimmungsort vorbei setzen. Gegebenenfalls ankere man auf etwa 22 m Wasser, bis eine günstige Gelegenheit eintritt.

e. **Nach Penang im Nordost-Monsun.** Man nehme zunächst die Schnittpunkte nach 8a und steuere von der Linie Kurs auf Pulo Bras. Um nicht in die Windstillen unter der Westküste von Sumatra gedrängt zu werden, steuere man im November und in der ersten Hälfte Dezember zuerst gut nördlich, bis man abgewiesen wird. Bekommt man in den folgenden Monaten den Nordost-Monsun schon zeitig, so lasse man sich nicht zu weit nach Westen drängen. Beim Aufkreuzen bringe man Pulo Bras nicht östlicher als ONO, bis man dicht unter Land steht und nun die Breite von Pulo Bras überschreiten muß. Kommt man dann vor der Nordküste von Sumatra nicht gut vorwärts, so segle man nach etwa $7°$ N-Br.

hinüber, aber nicht ehe man die Ostseite von Groß-Nikobar anholt, und kreuze dort weiter. Erreicht man durch einen ungünstigen Zufall die Breite von Pulo Bras in erheblichem Abstande vom Lande, so suche man durch den 10°-Kanal oder weiter nördlich nach Osten zu gelangen.

f. Nach Singapore im Nordost-Monsun. Wenn 80° O-Lg. vom 21. Oktober bis 20. Februar erreicht wird, nehme man die Wege 8e und suche in der Malakka-Straße an der Malaiischen Küste vorwärts zu kommen. (Wenn 80° O-Lg. vom 21. Februar bis 20. Oktober überschritten wird, gehe man durch die Sunda-Straße.)

g. Schnittpunkte im Ozean zur Zeit des Südwest-Monsuns. Die Schiffe können jetzt ohne Nachteil eine große Strecke des Weges auf N-Br. zurücklegen, deshalb braucht man 30° S-Br. nicht östlicher, als in 80 bis 81° O-Lg. anzusteuern, sollte aber 25° S-Br. schon in der Länge überschreiten, in der man die Linie erreichen will.

Wenn 80° O-Lg. erreicht wird	Schnittpunkt der Linie
im April	83° O-Lg.
Mai bis Anfang September	85 bis 86° O-Lg.
in der 2. Hälfte September	90° O-Lg.

h. Nach Bassein, Rangoon oder Moulmein in der Zeit des Südwest-Monsuns. Im Mai setze man den Kurs von der Linie in 83° O-Lg. nach 10° N-Br. in 85° O-Lg. und dann allmählich östlicher. Nach Rangoon oder Moulmein gehe man durch den Preparis-Südkanal, Anfang Mai durch den Preparis-Nordkanal, weil dann südlich und östlich von 15° N-Br. und 90° O-Lg. der Monsun noch nicht durchgeholt hat. Zur Zeit des vollen Monsuns (Juni bis September) steuere man von 85 bis 86° O-Lg. auf der Linie durch den 10°-Kanal nach Rangoon oder Moulmein. Nach Bassein steuere man durch den Preparis-Nordkanal und östlich vom Alguada-Riff und der Diamond-Insel entlang. Im Oktober, wo man im Golf von Martaban schon östliche Winde hat, steuere man zwischen Pulo Rondo und Groß-Nikobar durch und segle an der Ostseite der Inseln nach Norden; nach Rangoon und Moulmein halte man sich dabei gut östlich von 95° O-Lg.

i. Nach Calcutta im Südwest-Monsun. Im Mai halte man sich an der Westseite des Golfes, aber der Orkangefahr wegen etwa 150 Sm vom Lande. Im Juni und Juli steuere man geradenwegs nach dem Pilots Ridge-Feuerschiff. Im August bringe man das Feuerschiff westlich von rw. N, ehe man darauf zusteuert, und im September bringe man es vorher nordwestlich. Im Oktober steuere man an der Ostseite des Golfes nach 17° N-Br. in 91° O-Lg., dann steuere man Kurs auf das Feuerschiff bis 19½° N-Br., von hier aber etwas nördlicher, um der starken SW-Strömung zu begegnen.

k. Nach Akyab im Südwest-Monsun. Im Mai verfahre man nach 8i. Im Juni und bis Ende August schneide man 5° N-Br. in 86 bis 88° O-Lg. und nehme dann den geraden Weg. Im September und Oktober steuere man in 90 bis 91° O-Lg. nach Norden und biege von 15° N-Br. an auf Akyab zu. Vom Juli an setzt vor der Aracan-Küste starke Strömung mit Norden.

l. Nach Penang schneide man im ganzen Südwest-Monsun die Linie in etwa 90° O-Lg. und halte sich weiterhin in guter Entfernung von Atjeh-Huk und den Inseln dort. (Nach Singapore geht man im Südwest-Monsun durch die Sunda-Straße.)

9. Nach Häfen jenseits der Malakka- oder der Sunda-Straße oder der östlichen Durchfahrten.

Der Entschluß, durch welche Straße man in das Inselmeer gehen will, muß spätestens beim Überschreiten von 80° O-Lg. gefaßt werden. Er hängt von den weiterhin zu erwartenden Winden und Strömungen, d. h. von den Jahreszeiten (Monsunen) ab, und dementsprechend ist die folgende Wegetafel zusammengestellt worden.

a. Wegetafel für Ausreisen durch die Straßen.

Bestimmungsort	Ausreisen Wenn 80° O-Lg. überschritten wird vom	bis	Weg	Angabe über die Wege unter
Singapore	21. II.	20. X.	Sunda-Str.	9b; 10a
	21. X.	20. II.	Malakka-Str.	8f
Golf v. Siam	21. II.	20. X.	Sunda-Str.	9b; 10b, c, d
	21. X.	20. XI.	Malakka-Str.	8f; 10e
	21. XI.	30. XI.	Ombai- und Djilolo-Str.	n. Saigon: Bernardino-Str., n. Bangkok: Basilan- und Balabak-Str. } 9c, d, f, g; 13a bis e
	1. XII.	31. I.	Lombok- od. Alas- u. Djilolo-Str.	
	1. II.	20. II.	Alas- od. Ombai- u. Djilolo-Str.	
Hongkong	21. II.	10. IX.	Sunda-Str.	9b; 10b, c, d
	11. IX.	20. II.	Östliche Durchfahrten, nämlich:	
	11. IX.	10. X.	Lombok- oder Alas- und Makassar-Str.	9c, d, f, g; 13a bis e
	11. X.	30. XI.	Ombai- und Djilolo-Str.	
	1. XII.	31. I.	Lombok- oder Alas- und Djilolo-Str.	
	1. II.	20. II.	Alas- oder Ombai- und Djilolo-Str.	
Ost- und Nord-China, Japan oder Sibirien*)	21. VIII.	10. X.	Lombok- oder Alas- und Makassar-Str.	9c, d, e, f; 13a bis e
	11. X.	30. XI.	Ombai- und Djilolo-Str.	
	1. XII.	31. I.	Lombok- oder Alas- und Djilolo-Str.	
	1. II.	28. II.	Alas- oder Ombai- und Djilolo-Str.	
	1. III.	31. III.	Ost um Australien (besonders n. Nordost-Japan)	
	1. IV.	20. VIII.	Sunda-Str.	
Shanghai	1. III.	20. VIII.	Sunda-Str.	} 9b; 10b, c, d
Japan	21. III.	20. VIII.	Sunda-Str.	
Manila	21. II.	15. IX.	Sunda-Str.	9b; 10b, c, d
	16. IX.	10. X.	Lombok- od. Alas- u. Makassar-Str.	1. Monsunhälfte: Nord um Luzon. } 9c, d, e, f; 13a bis e
	11. X.	30. XI.	Ombai- und Djilolo-Str.	
	1. XII.	31. I.	Lombok- od. Alas- u. Djilolo-Str.	2. Monsunhälfte: Durch die Bernardino-Str.
	1. II.	20. II.	Alas- oder Ombai- u. Djilolo-Str.	
Iloilo oder Cebu	21. II.	15. IX.	Sunda-Str.	9b; 10b, c, d
	16. IX.	10. X.	Lombok- oder Alas- u. Makassar- u. Basilan-Str.	9c bis f; 10a bis e
	11. X.	30. XI.	Ombai- u. Djilolo- u. Basilan- od. Bernardino-Str.	
	1. XII.	31. I.	Lombok- od. Alas- u. Djilolo- u. Bernardino-Str.	
	1. II.	20. II.	Alas- oder Ombai- u. Djilolo- u. Bernardino- oder Basilan-Str.	
Makassar	16. XI.	31. I.	Bali-Str., wenn jedoch in 80° O-Lg. schlechte Gelegenheit nach Osten, aber gute nach Norden zu kommen gefunden wird, so kann man auch durch die Sunda-Str. gehen	9b, c; 14a
	1. II.	15. III.	Lombok-Str.	
	16. III.	15. X.	Alas-Str.	} 9d, e; 14a
	16. X.	15. XI.	Lombok-Str.	
Nord-Celebes	1. I.	31. XII.	Alas- oder Lombok-Str. Dann: April bis Oktober durch die Makassar-Str.; November bis März durch die Molukkendurchfahrt oder durch die Djilolo-Str.	9d, e; 14b
Molukken oder Banda oder Amboina	1. III.	31. X.	Ombai-Str.	9e, g; 14d
	1. XI.	28. II.	Alas-Str.	
Java, westl. Teil bis Cheribon	1. I.	31. XII.	Sunda-Str.	9b; 11
Java, östl. Teil bis Djoeana	1. X.	14. II.	Sunda-Str.	9b; 11
	15. II.	30. IX.	Bali-Str.	9c; 12

*) Im Jahre 1878 ist auf Reisen nach Japan oder Sibirien einigemale der Weg um Kap Horn eingeschlagen worden. Damals, wo unsere Seeleute weniger vertraut mit der Fahrt um Kap Horn, desto vertrauter aber mit Fahrten im Ostindischen Inselmeer waren, hat der Weg um Kap Horn keine besseren Ergebnisse gehabt als die Wege durch das Inselmeer oder Ost um Australien. Nachdem aber die Fahrt um Kap Horn besser bekannt und die Widerstandsfähigkeit der Schiffe mit ihrer Größe gewachsen, dagegen die Fahrt durch das Inselmeer aus demselben Grunde schwierig und den Seeleuten überdies fremd geworden ist, ist vom Wege um Kap Horn nicht abzuraten, wenn die Linie im Atlantischen Ozean im November, Dezember oder Januar überschritten wird. Auf diesem Wege strebe man, wenn Kap Horn umsegelt ist, zunächst nur nach Norden; man mache viel Länge gut, wo frischer SO-Passat weht, überschreite die Linie in 140 bis 150° W-Lg., strebe im Stillengebiet nur nach Norden und mache im NO-Passat wieder viel Länge gut, wo er am frischesten ist. Will man nach Yokohama, so wird es zweckmäßig sein, 145 bis 150° O-Lg. in etwa 22 bis 25° N-Br. anzusteuern und dann nach Norden aufzubiegen.

Bestimmungsort	Ausreisen Wenn 80° O-Lg. überschritten wird vom	bis	Weg	Angabe über die Wege
Samarang oder Tegal	1. IV.	30. VI.	Bali-Str.	9 c; 12
	1. V.	31. III.	Sunda-Str.	9 b; 11
Soerabaja und Häfen an der Madura-Str.	1. I.	31. XII.	Bali-Str., ausgenommen wenn vom 1. XII. bis 31. I. im Süden außergewöhnlich gute Gelegenheit zum Aufsteuern nach Norden, aber schlechte Gelegenheit nach Osten zu kommen gefunden wird.	9 a; 12
	1. XII.	31. I.	Wenn im Süden schlecht nach Osten, aber gut nach Norden zu kommen ist, kann man durch die Sunda-Str. segeln, namentlich wenn man durch das Westgat nach Soerabaja gehen kann.	9 b; 11

b. Nach der Sunda-Straße.

Wenn 80° O-Lg. überschritten wird	so schneide man			Bemerkungen
	30° S-Br. in O-Lg.	20° S-Br. in O-Lg.	10° S-Br. in O-Lg.	
Von Mitte Dezember bis Ende Februar	96 bis 97°	90 bis 100°	101 bis 102°	Wird 10°-S-Br. noch im Dezember erreicht, so nehme man die Schnittpunkte etwas östlicher; gelangt man erst im März dahin, so nehme man sie etwas westlicher. Man steuere auf Vlakke-Huk zu und durch den Großen-Kanal.
Im März	98 bis 99°	102°	103 bis 104°	Wird 80° O-Lg. erst in der 2. Hälfte des Monats überschritten, so nehme man einen noch etwas östlicheren Weg, gehe durch den Prinzen-Kanal und an der Java-Küste entlang.
Im April	100°	103 bis 104°	104 bis 105°	Ein östlicherer Weg ist zu Anfang des Monats nicht ratsam, weil vor der Straße noch westliche Winde vorkommen. Man gehe durch den Prinzen-Kanal und an der Java-Küste entlang.
Von Anfang Mai bis Mitte September	99 bis 101°	104.5 bis 105°	105.5 bis 106°	Unter Umständen kann man 30° S-Br. etwas westlicher schneiden. Man findet dann wohl noch Gelegenheit, zwischen 30 und 20° S-Br. entsprechend mehr Ost gutzumachen. Nördl. von 20° S-Br. ist der Passat schral. Die östlichsten Schnittpunkte nehme man im Juni und Juli. Man mache Land östlich von Java Head und steuere, wenn es möglich ist, durch den Prinzen-Kanal. Es gelingt aber nicht immer.
Von Mitte September bis Mitte November	99°	103°	104 bis 105°	Im September und Oktober kann man 30° S-Br. auch etwas westlicher schneiden, aber 20 und 10° S-Br. sollte man im September eher etwas östlicher überschreiten. Von 10° S-Br. steuere man geradenwegs nach Java Head und gehe durch den Prinzen-Kanal. Im November kann man schon ebenso gut durch den Großen-Kanal gehen.
Von Mitte November bis Mitte Dezember	98°	101°	103°	Meistens wird man vor der Straße schon West-Monsun finden. Man gehe durch den Großen-Kanal.

Passatstörungen. Vor der Sunda-Straße kommen im April und Mai, gelegentlich sogar noch im Juli nordwestliche Winde vor, meistens im Zusammenhange mit einem Tief (niedrigem Luftdruck) westlich von der Sunda-Straße. Im SO-Passat schralt dann auf der Fahrt nach Norden der Wind bei fallendem Barometer über O und NO und holt weiter links herum nach NW. Trifft man also nördlich von 15° S-Br. ungewöhnlich niedrigen Luftdruck (unter 761 mm um 8ʰ V oder unter 760 mm um 4ʰ N auf 0° C beschickt) und über NO schralenden Wind, so ist es wahrscheinlich am zweckmäßigsten, so lange auf St-B.-Halsen zu segeln, bis man die Straße auf B-B.-Halsen anholen kann; denn wahrscheinlicher ist es, daß der Wind tatsächlich links herum bis etwa NW holt, als daß er wieder über Ost zurückdreht. Ganz sicher ist es aber nicht. Strom in der Sunda-Straße vgl. Seite 29.

Dauer der Durchfahrt durch die Sunda-Straße. Nach Norden. November bis März oft nur 10 bis 15 Std., selten mehr als 1 Tag; Mai bis September 1 bis 3 Tage oder länger, mindestens 11 Std., oft 8 bis 14 Tage, Entfernung etwa 75 Sm. **Nach Süden.** November bis April meistens 2 Tage, kürzeste Zeit 15 Std., längste 19 Tage; Mai bis Oktober im Mittel 15 Std., vereinzelt nur 3 bis 9 Std., selten mehr als 1 Tag.

c. **Nach der Bali-Straße.** Im West-Monsun nehme man die Schnittpunkte 40′, im Ost-Monsun 45′ westlicher, als nach der Lombok-Straße (vgl. 9 c). Bei der Durchfahrt halte man sich an der Java-Seite. Ströme in der Straße vgl. Seite 30. **Dauer der Durchfahrt. Nach Norden.** Im Januar 9 Std., von April bis September 1 bis 2 Tage. Entfernung von Javas Südost-Huk bis Duiven-Eiland (für Segler) etwa 50 Sm. **Nach Süden.** November und Dezember etwa 5 Tage, Januar bis April etwa 3 Tage, im Ost-Monsun meistens mehr als 1½ Tag.

d. **Nach der Lombok-Straße.**

Wenn 80° O-Lg. überschritten wird	so schneide man 30° S-Br. in O-Lg.	20° S-Br. in O-Lg.	10° S-Br. in O-Lg.	Bemerkungen
Mitte November bis Ende Februar	104°	109°	114°	Man kann auch etwas westlichere Schnittpunkte nehmen, sollte aber 20 und 10° S-Br. nicht östlicher schneiden, weil der Monsun oft aus NNW weht. Man muß Tafel-Huk auf Bali anholen und zwischen Bali u. Pandita-Eiland durch und an der Bali-Seite entlang segeln.
Anfang April bis Ende Oktober	106°	112°	116°	Im Juni und Juli darf man einen westlichen Schnittpunkt von 30° S-Br. wagen, sollte aber 20 u. 10° S-Br. nicht westlicher schneiden, weil der Monsun oft scharf ist, namentlich von Mitte Mai bis Mitte September. Man steuere Lombok an, gehe nahe um Kap Bangko herum und halte sich an der Lombok-Seite.
Im März oder in der ersten Hälfte Nov.	105°	110 bis 112°	115°	Monsunwechsel. Westliche Winde wahrscheinlich, wenn man im März oder im Dezember, östliche Winde wahrscheinlich, wenn man im November oder im April vor die Straße kommt. Man halte die Luvseite.

Strom in der Lombok-Straße vgl. Seite 30. **Dauer der Durchfahrt. Nach Norden.** April bis November 25% 8 bis 12 Std., 55% mehr als einen, aber weniger als 3 Tage, 20% 4 bis 8 Tage. Im West-Monsun etwa 1 Tag; Entfernung 35 bis 40 Sm. **Nach Süden.** West-Monsun meistens mehrere Tage oder doch über 24 Std.; März bis Oktober etwa 16 Std.; vereinzelt nur 12 Std. oder weniger. Im April und Oktober ist die Durchfahrt einigemale nicht gelungen.

e. **Nach der Alas-Straße.**

Wenn 80° O-Lg. überschritten wird	so schneide man 30° S-Br. in O-Lg.	20° S-Br. in O-Lg.	10° S-Br. in O-Lg.	Bemerkungen
Von Mitte November bis Ende Februar	104 bis 105°	110°	115 bis 115.5°	Man setze den Kurs auf die Mitte von Lombok, gehe nahe um Ringit-Huk herum und halte sich unter der Lombok-Küste.
Anfang April bis Ende Oktober	107°	113°	117°	Man steuere nahe um den Tafelberg von Sumbawa herum und suche in der Straße vor der Lombok-Küste zu ankern, wenn der Flutstrom aufhört.
Im März und in der 1. Hälfte November	106°	111 bis 112°	116°	Monsunwechsel. Man steuere, je nachdem man Ost- oder Westwind hat, nach der Ost- oder Westseite der Einfahrt (vgl. 9 b).

Strom in der Alas-Straße vgl. Seite 30. **Dauer der Durchfahrt. Nach Norden.** Von Dezember bis Februar etwa 18 Std., selten mehr als 1 Tag, längstens 36 Std.; März bis November 2 bis 3 Tage, mindestens 22 Std., höchstens 5 Tage, Entfernung etwa 50 Sm. **Nach Süden.** Im Ost-Monsun 12 bis 24 Std., im West-Monsun keine Berichte.

f. **Nach der Sapi-Straße.** Die Durchfahrt kann nicht empfohlen werden. Man würde die Schnittpunkte 2½° östlicher zu nehmen haben als nach der Alas-Straße.

g. **Nach der Ombai-Straße.**

Wenn 80° O-Lg. überschritten wird	so schneide man 30° S-Br. in O-Lg.	20° S-Br. in O-Lg.	Bemerkungen
Von November bis Februar	105°	112°	Man steuere das Ostende der Sandelholz-Insel (Sumba) an, sodann zwischen dieser Insel und Sawu durch. Zu Anfang und Ende des W-Monsuns ist es vielleicht ratsam, 30 und 20° S-Br. 1 bis 2° östlicher zu schneiden. Trifft man Gegenstrom, so halte man dicht an der Nordseite des Fahrwassers.

Wenn 80° O-Lg. überschritten wird	so schneide man		Bemerkungen
	30° S-Br. in O-Lg.	20° S-Br. in O-Lg.	
Von März bis Oktober	107 bis 108°	114°	Wenn man am NW-Kap Australiens vorüber ist, suche man so viel Ost zu machen, daß man trotz des schralen Windes Rotti anholt. Aufzukreuzen versuche man unter Timor mit Land- und Seebrise, und wenn es hier nicht geht, an der Nordseite des Fahrwassers.

Strom in der Ombai-Straße vgl. Seite 30. Dauer der Durchfahrt: Von 10° S-Br. in 122° O-Lg. bis zur Ausfahrt aus der Straße (etwa 235 Sm). Nach Nordost, von Dezember bis März 4 bis 5 Tage, von August bis Oktober 7 bis 10 Tage. Südwestwärts im Juli, August und Oktober 2 bis 3 Tage. Für andere Monate keine Berichte.

 h. Nach Padang nehme man die Schnittpunkte von 30, 20 und 10° S-Br. etwa 7° westlicher als nach der Sunda-Straße, schneide 2° S-Br. zu jeder Jahreszeit in etwa 98° O-Lg. und steuere durch den Seaflower-Kanal.

 i. Nach Tjilatjap nehme man die Schnittpunkte von 30, 20 und 10° S-Br. etwa 4° östlicher als nach der Sunda-Straße und achte in der Nähe des Landes ganz besonders auf die Strömungen, um nicht am Hafen vorbei zu treiben.

10. Von der Sunda-Straße nach Norden.

 a. Nach Singapore (vgl. hierzu auch 8 f). Wenn man 80° O-Lg. vom 21. Februar bis 20. Oktober geschnitten hat und durch die Sunda-Straße gekommen ist, so führt der gewöhnliche Weg durch die Banka- oder die Gaspar-Straße, dann östlich von den Inseln Saya (Taya) und Linga entlang, ferner durch die Rhio- und quer über die Singapore-Straße. Durch die Banka-Straße gehe man in Anfang des Ost-Monsuns im März und April, sowie gegen sein Ende in Oktober und November, wo noch oder schon oft westliche Winde auftreten. Man halte sich dann an der Sumatra-Küste, aber außerhalb der 10 m-Linie, und segle durch den Lucipara-Kanal. Ist die Jahreszeit schon vorgerückt und ist der Wind östlich, so steuere man durch den Stanton-Kanal in die Banka-Straße, wenn man nicht schon durch die Gaspar-Straße gehen will. Durch die Gaspar-Straße gehe man von Mitte Mai bis Mitte September. Man steuere sie durch den Macclesfield-Kanal an. Weiterhin gehe man durch die Rhio-Straße. Östlich von Bintang nordwärts zu steuern, ist wegen der südwestlichen Winde und nordöstlichen Strömungen in der Singapore-Straße nicht ratsam. Durch die Karimata-Straße gehe man, wenn im März und in der ersten Hälfte April in der Sunda-See Nordwestwind weht. Man segle dann auf B-B.-Halsen nach Borneo hinüber und kreuze so dicht vor der Küste, wie es sicher ist, nach Norden auf, bis zur Linie. Von da aus suche man bei dem wahrscheinlich nordöstlich holenden Winde die östliche Einfahrt in die Singapore-Straße, womöglich nördlich von Pedra Branca zu erreichen. Durch die Rhio-Straße sollte man von der Karimata-Straße her nicht gehen. Strömungen siehe Seite 30. Reisedauer: März und April 9 bis 23, Mai bis Oktober 5 bis 15 Tage von Java Head bis Singapore.

 b. Nach nördlicheren Häfen als Singapore im März und April. Weil der Wind im südlichen Teile des Südchinesischen Meeres jetzt noch vorwiegend nordöstlich ist, sollte man durch die Gaspar- oder vielleicht noch besser durch die Karimata-Straße (vgl. 10 a) und östlich von den Tambelan-Inseln nach Norden arbeiten. Nach Bangkok kann man zwischen den Anamba-Inseln und Groß-Natuna durch gehen. Im Golf von Siam sollte man sich auf der Ostseite halten und die Westseite meiden. Nach Saigon sollte man östlich von Groß-Natuna nach Norden arbeiten und bei nordöstlichem Winde achtgeben, daß man die Küste nicht in Lee von Kap St. Jaques anläuft. Nach Hongkong oder Südchina gehe man östlich von Groß-Natuna und am Westrande der Untiefen nach Norden. Erst wenn man die Breite von Kap Padaran erreicht hat, segle man nach der Cochinchina-Küste hinüber. Weiterhin kann es vorteilhaft sein, westlich von den Paracel-Riffen entlang zu segeln; sicherer ist es aber für gewöhnlich, sich von 15° N-Br. östlicher zu halten, zwischen den Paracel-Riffen und der Macclesfield-Bank durch zu steuern und den Bestimmungsort womöglich etwas westlich von rw. N zu bringen, ehe man darauf zu steuert. Nach Nordchina, Sibirien und Japan sollte man um diese Zeit noch nicht durch das Südchinesische Meer gehen. Nach Manila nehme man bis zur Breite von Kap Padaran denselben Weg wie nach Hongkong und arbeite dann nordostwärts, ohne sich weit nördlich oder südlich vom geraden Wege zu entfernen. Nach südlicheren Häfen in den Philippinen, z. B. Iloilo oder Cebu, gehe man zwischen den beiden Natuna-Inselgruppen durch oder durch die Api-Straße und durch die Balabak-Straße in die Sulu-See. Kann die Sulu-See noch im April erreicht werden, so mag nach Iloilo der Weg wie nach Manila und durch die Mindoro-Straße vorzuziehen sein. Reisedauer von Java Head: Nach Hongkong 26 bis 41 Tage (3 Reisen); nach Manila 58 Tage (1 Reise); nach Nagasaki 52 Tage (1 Reise); nach Yokohama 43 bis 56 Tage (3 Reisen).

c. Nach nördlicheren Häfen als Singapore im Mai, Juni, Juli und August nehme man den kürzesten Weg durch die Gaspar-Straße (vgl. 10a) und dann: Nach Bangkok westlich von Anamba und an der Malaiischen Küste entlang. Nach Saigon steuere man Pulo Condore an und lasse sich durch die Strömung nicht zu nördlich setzen. Nach Hongkong und Südchina steuere man zwischen Anamba und Groß-Natuna durch, bei Pulo Sapatu entlang und zwischen den Paracel-Riffen und der Macclesfield-Bank durch. Nach Nordchina, Nagasaki oder Sibirien: Im Juni, Juli und August steuere man auf dem kürzesten Wege, westlich vom Pratas-Riff entlang, durch den Pescadores-Kanal und erforderlichenfalls durch die Korea-Straße. Im Mai ist es wegen östlicher Winde bei Formosa besser, östlich von Formosa im Kuro Siwo nach Norden zu steuern. Man halte sich dazu von der Breite von North Danger an östlich und suche dicht unter der Nordwestseite Luzons entlang zu kommen. Nach der Ostküste Japans, z. B. Hiogo oder Yokohama, sollte man stets den Weg östlich von Formosa nehmen. Um bei etwaigem Aufkreuzen Vorteil vom Kuro Siwo zu haben, bleibe man westlich von den Meiaco Shima- und den Liu Kiu-Inseln und segle zwischen den Liu Kiu- und den Linschoten-Inseln durch. Nach Manila nehme man den kürzesten Weg um North Danger. Nach Iloilo oder Cebu steuere man durch die Balabak-Straße und durch die Sulu-See. Reisedauer von Java Head: Nach Hongkong 13 bis 39 Tage (8 Reisen); nach Kiautschou 27 bis 41 Tage (5 Reisen); nach Nagasaki 24 bis 42 Tage (10 Reisen); nach Hakodate 29 bis 37 Tage (2 Reisen); nach Kobe 23 bis 53 Tage (10 Reisen); nach Yokohama 21 bis 52 Tage (16 Reisen).

d. Nach nördlicheren Häfen als Singapore im September und Oktober. Nach Bangkok, Saigon und den Philippinen verfahre man nach 10c. Weiter nördlich haben aber, namentlich im Oktober, schon NO-Winde eingesetzt; deshalb sollte man auf Reisen nach Hongkong gleich nördlich von North Danger unter die Küste von Luzon zu gelangen suchen und hier bis zur Breite von Kap Bolinao oder womöglich noch etwas weiter nach Norden aufarbeiten. Man gehe dann auf St-B.-Halsen und führe auf dem Schlage nach Hongkong hinüber so viel Segel wie möglich. Trifft man schon südlich von North Danger nördliche Winde, so meide man die Cochinchina-Küste. Hat man nördlich von den Bänken noch südliche Winde, so braucht man nicht ganz nach der Küste von Luzon hinüber zu steuern, man sollte aber, wegen der noch zu erwartenden NO-Winde, die Breite der Macclesfield-Bank in 116 bis 117° O-Lg. überschreiten. Nach Nordchina, Japan oder Sibirien sollte man unter die Küste von Luzon zu gelangen suchen (vgl. n. Hongkong) und von Kap Bojeador aus den Weg östlich von Formosa nehmen. Bei NO-Wind suche man auf St-B.-Halsen bis zur Breite der Südspitze Formosas zu gelangen und dort aufzukreuzen. Man kann dicht um Formosa herum kreuzen, zwischen Botel Tabago und Samasana durch und nahe vor der Küste Formosas bis nach 23° N-Br. steuern. Erst von dieser Breite an sollte man auf Reisen nach der Ostküste Japans östlicher steuern. Schon Ende Oktober und erst recht im November hat man nördlich von 32° N-Br. nordwestliche Winde zu erwarten. Deshalb sollte man auf Reisen nach Nordchina beizeiten unter die chinesische Küste zu kommen suchen. Durch die Palawan-Durchfahrt ist nach Hongkong oder nördlicheren

Häfen in den ersten Monaten des NO-Monsuns zuweilen der Weg genommen worden; dieses nicht ungefährliche Fahrwasser kann Seglern zwar nicht empfohlen werden, indessen seien doch Anweisungen dafür gegeben. Man gehe zwischen den beiden Natuna-Gruppen durch und kreuze so nahe wie möglich an der Borneo-Küste weiter. Man kann auch nördlich von der Friendship-Bank, zwischen der Royal Charlotte- und der Louisa-Bank durchkreuzen, wobei man die eine oder die andere in Sicht laufen sollte, um sein Besteck zu berichtigen. Nach Manila, Iloilo oder Cebu werden um diese Jahreszeit die Wege durch das Südchinesische Meer nicht mehr eingeschlagen. Sollten sie eingeschlagen werden müssen, so ergeben sie sich aus dem Vorstehenden. Reisedauer von Java Head: Nach Hongkong 25 bis 59 Tage (2 Reisen); nach Tsuruga 80 Tage (1 Reise); nach Yokohama 66 Tage (1 Reise).

e. Von Singapore nach nördlicheren Häfen. Anweisungen für solche Reisen ergeben sich aus 10 b bis 10 d; hat schon NO-Monsun eingesetzt, so gehe man nicht aus der Singapore-Straße, wenn draußen ungestümes Wetter ist. Bei gutem Wetter draußen segle man nach der Küste von Borneo hinüber, arbeite dort auf und nach 10 b oder nach 10 d weiter. Reisedauer von Singapore: Nach Saigon im Juni 7 Tage (1 Reise); nach Bangkok im September bis März 7 bis 21 Tage (6 Reisen); nach Hongkong im März 31 Tage (1 Reise), im Mai bis Juli 11 Tage (2 Reisen).

11. Von der Sunda-Straße nach Osten,

nach Batavia oder östlicheren Orten an der Nordküste Javas segelt man gewöhnlich durch das Fahrwasser nördlich von Groß-Kambüse und hält sich im übrigen so dicht vor der Küste, daß man gegebenenfalls ankern und eine passende Gelegenheit abwarten kann. Im West-Monsun hat man fast immer raumen Wind. Im Ost-Monsun muß man unter Ausnutzung von Land- und Seebrise aufarbeiten; dabei pflegt man in den späten Nachmittagstunden oder doch abends zu ankern, um die später vom Lande abkommende Landbrise voll ausnutzen zu können. Zum Ankern genügt meistens ein auf eine Ankerkette geschäkelter leichter Anker, und gewöhnlich läßt man die Marssegel stehen und die Rahen Kreuz brassen, Vorrahen St-B. an, um gleich Schlag zu bekommen. Reisedauer vgl. die Abc-Tafel, Seite 33 ff.

12. Von der Bali- oder von einer östlicheren Straße nach Westen.

Gewöhnlich empfiehlt es sich, durch die Sapudi-Straße zu segeln. Im Ost-Monsun ist es so leicht, nach Westen zu kommen, daß es keiner Anweisung bedarf. Im West-Monsun, wenigstens wenn er schon voll eingesetzt hat, ist es so schwer, in der Java-See nach Westen vorzudringen, daß Seglern oft nichts anderes übrig bleibt, als den SO-Passat im Indischen Ozean aufzusuchen und darin so weit nach Westen zu segeln, daß man die Sunda-Straße anholen und durch diese in die Java-See steuern kann, um seinen Bestimmungsort von Westen her zu erreichen. Reisedauer vgl. die Abc-Tafel, Seite 33 ff.

13. Von den östlichen Durchfahrten nach Norden.

Weil man gegen den Nordost-Monsun im Südchinesischen Meere gar nicht oder nur sehr schwer vorwärts kommen kann, muß man in dieser Jahreszeit den Umweg durch eine östliche Durchfahrt und durch die Makassar- oder durch die Djilolo-Straße nehmen. Die Makassar-Straße kann von den drei westlicheren, der Bali-, der Lombok- oder der Alas-Straße her angesteuert werden, die Djilolo-Straße ebenfalls, aber auch von der Ombai-Straße her. Durch die Makassar-Straße sollte man nur im Oktober segeln. Von der Ombai- nach der Djilolo-Straße hat man zwar ziemlich freies Fahrwasser, man steht aber soweit in Lee, daß man zu gewissen Zeiten Schwierigkeiten haben würde, die südliche Einfahrt in die Djilolo-Straße weit genug westlich zu erreichen. Unter Berücksichtigung aller Umstände ist die Wegetafel zusammengestellt. (Vgl. 17. Wegetafel.)

a. Durch die Makassar-Straße nach Norden. Wenn man 80° O-Lg.

vom 21. August bis 10. Oktober überschritten hat und noch im Oktober die Java-See erreicht, pflegt nördlich wie südlich von den Sunda-Inseln noch Ostwind zu herrschen. Man wird dann durch die Alas-Straße gehen, durch die gewöhnlich leichter zu kommen ist, als durch die Lombok-Straße; man würde aber selbst von der Bali-Straße aus die Makassar-Straße, ohne viel zu kreuzen, auf St-B.-Halsen anholen. Man segle an der Ostseite der Laars-Bänke entlang in die Makassar-Straße, man kann aber auch zwischen den Bänken und Pulo Laut durchgehen. Von Kap William an halte man sich mit Land- und Seebrise arbeitend unter der Celebes-Küste und bleibe auch östlich vom Stromkap (120.8° O-Lg.) in der Nähe der Celebes-Küste, je später die Jahreszeit ist, desto näher. In den Stillen Ozean segle man durch eine der Straßen südlich von Sangir.

Nach Hongkong oder Manila schneide man im Oktober 10° N-Br. nicht westlich von 132° O-Lg., im Dezember und später 6° N-Br. nicht westlich von 133° O-Lg. Von den Schnittpunkten dieser Breiten steuere man nach Nord in den NO-Passat. In diesem segelt man auf St-B.-Halsen und nach Hongkong durch den Bashi- oder durch den Ballingtang-Kanal. Der stürmische NO-Monsun wird bei Breaker-Huk ruhiger. Man hüte sich vor dem Pratas-Riff. Nach Manila segle man bei ruhigem, sichtigem Wetter durch die San Bernardino-Straße oder nehme den gewöhnlicheren Weg durch den Ballingtang- oder durch den Babuyan-Kanal und längs der Westküste von Luzon nach Süden.

Nach Nordchina und chinesischen Häfen an der Formosa-Straße südwärts bis Amoy, nach Sibirien und Japan muß man an der Ostseite Formosas nach Norden segeln. Um diese bei St-B.-Halsen sicher anzuholen, nehme man die Schnittpunkte von 10 und 6° N-Br. 2 bis 3° östlicher, als für Hongkong und Manila angegeben ist. Nach der Ostküste Japans kann man sogar östlich von den Palau-Inseln nach Norden steuern, falls das keinen Aufenthalt verursacht. Auf Reisen nach China sollte man die chinesische Küste spätestens in 28° N-Br. zu erreichen suchen. Selbst auf Reisen nach Tokio oder Yokohama muß man schon von 27° N-Br. an auf nordwestliche Winde Bedacht nehmen; darum vergebe man im NO-Passat zwar keine Länge, gehe aber nicht ohne Zwang auf B.-B.-Halsen. Sollte man hinter die Meiaco Shima- und die Liu Kiu-Inseln gedrängt werden, so hat man dort den Kuro Siwo mit.

Nach Iloilo oder nach Cebu segle man im Oktober und vielleicht auch noch Anfang November durch die Basilan-Straße; nach Mitte November muß man durch die San Bernardino-Straße gehen. Reisedauer vgl. 13e.

b. Von der Lombok- oder der Alas-Straße durch die Djilolo-Straße nach Norden. Wenn man 80° O-Lg. vom 1. Dezember bis 31. Januar oder gar bis Ende Februar überschreitet und das Inselmeer im West-Monsun erreicht, so liegt die Lombok-Straße am weitesten luvwärts und am vorteilhaftesten, wenn die Durchfahrt leicht gelingt. Man setze dann den Kurs auf das Leuchtfeuer De Bril, gut frei von den Tenga- (Paternoster-) Eilanden, laufe die Südküste von Celebes an und durch die Saleier-Straße zwischen Sarongtang und Doang durch. Dann steuere man nach der Süd-Huk von Buton und zwischen Buton und Wangi Wangi durch in die Molukken-See. Ist man durch die Alas-Straße gekommen, so steuere man südlich und östlich von den Sabalana- (Postillon-) Inseln entlang und ebenfalls durch die Saleier-Straße. Diese Wege sind aber nur bei gutem Wetter zu nehmen. Bei schralem Winde und unsichtigem Wetter laufe man an der Nordküste von Sumbawa und Flores entlang bis Flores-Höft (Tg. Kopondai, 122.8° O-Lg.), dann um die Ost-seite der Insel Veldhun (Moro Maho, 124.6° O-Lg.) in die Molukken-See. Weiterhin steuere man Sula Beri (126° O-Lg.) an und halte sich in der Pitt-Straße so nördlich, in der Djilolo-Straße, wo man kreuzen muß, so westlich wie möglich. Auch wenn man an Kap Tabo (Tg. Ngollopoppo) vorbei ist, strebe man in der Nähe der Djilolo-Küste nach Norden zu kommen. Ost gut zu machen, verschiebe man, bis in 2 oder 3° N-Br. der Äquatorial-Gegenstrom erreicht ist. Die Südgrenze des NO-Passats, im Januar in 5°, im Februar und März in 4° N-Br., überschreite man nicht westlich von den folgenden Längen:

Nach der San Bernardino-Straße	Nach Hongkong	Nach Nordchina usw.
132° O-Lg.	133° O-Lg.	135 bis 136° O-Lg.

Sollte man gegen Ende des NO-Monsuns diese Schnittpunkte nicht ohne langwieriges Kreuzen erreichen können, so lasse man es darauf ankommen, daß man später noch Gelegenheit zu einem Schlagbuge bekomme. Im März kann man sich von 4° N-Br. in 131° O-Lg. wahrscheinlich auf einem Schlage von der Ostküste Luzons freisegeln.

Nach Iloilo und Cebu segle man jetzt immer durch die San Bernardino-Straße. Auch nach Manila ist dieser Weg jetzt dem Nord um Luzon vorzuziehen, weil sichtiges Wetter und beständiger leichter Wind zu sein pflegt. Nach Hongkong segle man vom Februar an immer durch den Ballingtang-Kanal. Für die Weiterreisen nach Nordchina usw. gelten die Anweisungen in 13a. Reisedauer vgl. 13e.

c. Von der Ombai-Straße durch die Djilolo-Straße nach Norden. Wenn man 80° O-Lg. vom 11. Oktober bis Ende November überschritten hat und im November oder Dezember durch die Ombai-Straße gekommen ist, so ist es gewöhnlich nicht schwer durch die Djilolo-Straße zu segeln. Man suche stets um die Westseite von Buru zu segeln, verliere aber keine Zeit mit langwierigem Kreuzen, sondern gehe erforderlichenfalls östlich von Buru durch die Manipa-Straße und suche von dieser aus die Nordseite der Pitt-Straße zu gewinnen, namentlich im Januar oder später. Wenn man an Kap Tabo (Tg. Ngollopoppo) vorbei ist, steuere oder kreuze man (vgl. 13 b) die Südgrenze des NO-Passates über die folgenden Schnittpunkte an, die für Reisen nach Hongkong gelten: November 10° N-Br. in 132° O-Lg., Dezember 6° N-Br. in 133° O-Lg., Januar 5° N-Br. in 133° O-Lg., Februar und März 4° N-Br. in 133° O-Lg. Nach Nordchina usw. schneide man die betreffenden Breiten 2 bis 3° östlicher, nach der San Bernardino-Straße, Manila, Iloilo oder Cebu 1° westlicher; im übrigen richte man sich nach 10 a und 10 b, Reisedauer vgl. 13 e.

d. Durch die Molukken-Straße nach Norden. Wenn man im November noch oder im März schon Ostwind und in der Pitt-Straße westliche Strömung trifft, so dürfte es am besten sein, zwischen Lisamatola und Obi Major in die Molukken-Straße zu steuern. In dieser halte man sich nicht unter Djilolo, sondern mehr nach der Mitte. Mit westlichem Winde und starker Ostströmung an der nördlichen Ausfahrt aus der Straße muß man dann nördlich von Morotai in den Stillen Ozean segeln. Weitere Anweisungen siehe 13 a bis c.

e. Reisedauer vom Indischen Ozean durch die östlichen Durchfahrten nach Norden bis nach 10° N-Br.

	Durch die Lombok- oder die Alas-Straße und durch die Makassar-Straße				Durch die Djilolo-Straße				Durch die Ombai-Straße und durch die Djilolo-Straße				
	vom Ind. Ozean bis zur Linie		von der Linie bis 10° N-Br.		vom Ind. Ozean bis zur Linie		von der Linie bis 10° N-Br.		vom Ind. Ozean bis zur Linie		von der Linie bis 10° N-Br.		
	schnellste	längste	schnellste	längste	Zahl der Reisen	schnellste	längste	schnellste	längste	Zahl der Reisen	schnellste	längste	schnellste	längste	Zahl der Reisen	
	Tage	Tage	Tage	Tage		Tage	Tage	Tage	Tage		Tage	Tage	Tage	Tage		
Januar	—	—	—	—	—	10	36	8	22	11	4	15	16	35	4	Vgl. auch Abc-Tafel der Reisedauer Seite 33 ff.
Februar	—	—	—	—	—	12	22	12	20	9	4	16	20	36	4	
März	7	15	10	22	2	20		11		2	4	24	14	28	3	
August	5	8	8	13	2	—	—	—	—	—	9		—		1	
September	10	12	7	27	4	—	—	—	—	—	—		16		1	
Oktober	6	18	18	28	3	39		12		1	6		16		1	
November	—	—	—	—	—	14	24	13	15	2	8	35	31	11	7	
Dezember	—	—	—	—	—	15	37	10	17	7	5	24	49	9	16	

14. Nach Celebes oder nach den Molukken.

a. Nach Makassar. Wenn man 80° O-Lg. von Mitte März bis Mitte

Oktober überschreitet oder im Ost-Monsun in die Java-See kommt, so gehe man durch die Alas-Straße und in Lee von den Tenga- (Paternoster-) Eilanden entlang. Dann steuere man De Bril-Lcht-Tm. an. Wahrscheinlich kann man Makassar im Ost-Monsun auch noch von der Lombok- und selbst von der Bali-Straße aus auf St-B.-Halsen anholen. Wenn man 80° O-Lg. von Anfang Februar bis Mitte März und von Mitte Oktober bis Mitte November überschreitet und im Monsunwechsel in die Java-See kommt, so gehe man durch die Lombok-Straße; weiterhin verhalte man sich den Umständen entsprechend. Wenn man 80° O-Lg. von Mitte November bis Ende Januar überschreitet und im West-Monsun in die Java-See kommt, so gehe man durch die Bali-Straße und in Lee von Sepandjang und Sakala entlang. Weiterhin halte man gut Luv, um womöglich Bangkauluang anzuholen. Ist man aus besonderen Ursachen durch die Sunda-Straße gekommen, so steuere man beim Nordwächter, bei den Karimon Djawa-Eilanden und bei Groß-Salembouw entlang. Beim Ansteuern von Makassar halte man sich gut nördlich. Reisedauer vgl. 14 d.

b. Nach Nord-Celebes oder nach den Sangir-Inseln gehe man in jeder Jahreszeit durch die Alas- oder durch die Lombok-Straße und im Ost-Monsun (April bis Oktober) durch die Makassar-Straße (vgl. dazu 13 a). Von November bis März, im Nordwest-Monsun kann man nicht durch die Makassar-Straße nach Norden segeln; man muß dann Ost um Celebes, durch die Saleier- und die Buton-Straße (vgl. hierzu 13 b) und entweder durch die Djilolo- oder durch die Molukken-Straße (vgl. 13 d) nach Norden steuern. Wird dann nördlich von Djilolo und Morotai östliche Strömung angetroffen, so muß man Gelegenheit nach Westen zu kommen weiter nördlich suchen.

c. Nach Banda oder Amboina. Wenn man 80° O-Lg. von Anfang März bis Ende Oktober überschreitet, so gehe man durch die Ombai-Straße. In der ersten Hälfte des Ost-Monsuns nehme man von der Ombai-Straße aus jede Gelegenheit wahr, um Ost anzuholen. In der zweiten Hälfte des Ost-Monsuns pflegt der Wind auf St-B.-Halsen nach und nach zu raumen. Wenn man 80° O-Lg. von Anfang November bis Ende Februar überschreitet und im West-Monsun in die Java-See kommt, so gehe man durch die Alas-Straße und nördlich von Sumbawa und Flores entlang bis Flores-Höft (vgl. 13 b). Reisedauer vgl. 14 d.

d. Reisedauer nach Celebes oder den Molukken.

Reiseantritt	von	nach	Tage	Zahl d. Reisen	Reiseantritt	von	nach	Tage	Zahl d. Reisen
Durch die Sunda-Straße					Durch die Alas-Straße				
Dezember ..	Anjer	Kwandang	38	1	Dez. bis Febr.	Ind. Ozean	Makassar	4	8
„ ..	80° O-Lg.	Makassar	34	1	April	„	„	7	1
					Mai bis Juli	„	„	6	6
Durch die Bali-Straße					Oktober ...	„	Menado	24	1
Dezember ..	80° O-Lg.	Makassar	30	1	Durch die Ombai-Straße				
						80° O-Lg.	Amboina	42	1
Durch die Lombok-Straße					September..	Ind. Ozean	Gorontalo	11	1
Dez. und Jan.	Ind. Ozean	Makassar	5	2	Küstenreisen				
Mai	„	„	7	4	Februar ...	Kwandang	Gorontalo	26	1
August	„	„	7	1	März	Gorontalo	Pagujama	3	2
Oktober ...	„	„	10	1	April	Pagujama	„	2	1
Dezember ..	„	Kwandang	31	1	September..	Makassar*)	Menado	16	1
Juli	„	Palele	15	1	Oktober ...	Menado	Gorontalo	17	1

*) Durch die Makassar-Straße.   Vgl. auch Abc-Tafel der Reisedauer Seite 33 ff.

15. Vom Kap der Guten Hoffnung, Südostafrika oder Mauritius nach Australien oder weiter.

a. Allgemeines. Die Länge muß im Westwindgebiet abgelaufen werden; deshalb muß man es, wenn man nicht schon darin ist, z. B. von Südostafrika oder von Mauritius aus auf dem kürzesten Wege aufsuchen und je nach der Jahreszeit und nach den besonderen Umständen darin ostwärts steuern. Die Reisen verlaufen durchschnittlich sehr gleichmäßig; sie sind im Sommer, wo man höhere Breiten aufsuchen kann und infolgedessen kürzere Wege zurückzulegen hat, auch etwas schneller als im Winter. Unter gewöhnlichen Verhältnissen, wenn man raume Winde hat und nicht durch besondere Umstände nördlich oder südlich gedrängt wird, gehe man von den Breiten zum Ablaufen der Länge (vgl. unter 1) über die folgenden Schnittpunkte:

b. Nach Westaustralien.

O-Lg.:	60°	70°	80°	90°	100°	110°	
	S-Br.	S-Br.	S-Br.	S-Br.	S-Br.	S-Br.	Und so weiter, daß man auf einem nörd-
Dez., Jan. u. Febr..	46.5°	46.3°	45.0°	43.2°	41.2°	37.7°	licheren Kurse als NO Land ansteuert. Man
März u. Nov.	45.0	44.8	43.2	42.4	40.3	37.5	lasse sich durch die meist nördl. Strömung
April u. Okt.	45.0	44.8	43.2	42.4	40.8	37.5	nicht am Bestimmungsorte vorbeisetzen.
Mai u. Sept.	43.5	43.5	43.0	41.4	39.4	36.0	Und geradeswegs nach dem Bestimmungs-
Juni, Juli u. Aug..	42.7	42.7	42.2	40.8	39.0	35.7	orte weiter.

c. Nach Südaustralien.

O-Lg.:	100°	110°	120°	130°	135°	
	S-Br.	S-Br.	S-Br.	S-Br.	S-Br.	
Dez., Jan. u. Febr..	46.5°	45.2°	42.6°	39.8°	36.0°	Und weiter nach Kap Borda.
März u. Nov.	45.0	43.9	41.5	38.3	36.0	Und in 36° S-Br. nach Osten.
April u. Okt.	45.0	43.8	41.3	38.2	35.7	Und rw. Ost weiter.
Mai u. Sept.	43.5	42.6	40.7	37.8	35.6	Und weiter an der Südseite der Neptun-Inseln
Juni, Juli u. Aug..	42.7	42.0	40.2	37.4	35.5	und bei Althorpe-Lcht-F. entlang.

d. Nach der Bass-Straße.

O-Lg.:	100°	110°	120°	130°	140°	
	S-Br.	S-Br.	S-Br.	S-Br.	S-Br.	
Dez., Jan. u. Febr..	47.0°	46.9°	45.7°	43.6°	40.5°	
März u. Nov.	45.5	45.2	44.4	42.5	39.7	Und weiter nach Kap Otway.
April u. Okt.	45.0	44.7	44.0	42.3	39.5	
Mai u. Sept.	44.0	43.8	43.4	42.0	39.5	Und bis 39° S-Br. noch nördl. von Ost, dann rw.
Juni, Juli u. Aug..	43.0	43.0	41.7	40.7	39.0	Ost weiter nach Kap Otway oder durch d. Bass-Stz.

Im Winter lasse man sich nicht ohne besondere Ursache südlich, im Sommer nicht zu früh nördlich drängen. Ist man seiner Länge nicht sicher, so überschreite man die Breite von Kap Wickham (39° 36′ S-Br.) schon entsprechend weit im Westen und lote die Gründe an.

e. Schnittpunkte auf dem Wege Süd um Tasmanien.

O-Lg.:	130°	140°	150°	
	S-Br.	S-Br.	S-Br.	
Dez., Jan. u. Febr..	47.5°	47.0°	43½°	Man gehe nicht zu nahe an die Ostküste Tasmaniens in den
März u. Nov.	45.5	45.0	41½	Windschatten des Landes und halte sich vor der Ostküste
April u. Okt.	45.0	44.5	40½	Australiens außerhalb der südlichen Strömung.
Mai u. Sept.	44.0	44.0	39	Der Weg ist jetzt nicht immer zu empfehlen; wenn man ihn
Juni, Juli u. Aug..	44.0	44.0	38	nimmt, so suche man nach der Ostküste Australiens Kap Howe anzusteuern und halte sich auf dem weiteren Wege in der Nähe des Landes.

f. Von 115° O-Lg. nach Sydney oder Newcastle. Im Sommer, wo man seine Länge weit südlich abläuft, nehme man den Weg 15e Süd um Tasmanien, weil dann in der Bass-Straße östliche Winde überwiegen. Im Winter, wo in der Bass-Straße westliche Winde herrschen und man seine Länge so weit nördlich abläuft, daß der Weg Süd um Tasmanien ein Umweg sein würde, segle man nach 15 d durch die Bass-Straße; sollte man indessen bei schralem nördlichen und östlichen Winde Kap Otway nicht oder doch nur mühsam anholen können, so laufe man auch im Winter Süd um Tasmanien. Die folgende Zusammenstellung zeigt, daß man das Südkap von Tasmanien durchschnittlich einen, im Sommer sogar zwei Tage früher erreicht als Kap Otway, obgleich auch Schiffe einberechnet sind, die erst versucht haben, durch die Bass-Straße zu steuern, und die erst, als zu dazu keine Gelegenheit gefunden haben, nach dem Südkap von Tasmanien abgehalten haben, die also das Südkap schneller erreicht haben würden, wenn sie diesen Weg von vornherein eingeschlagen hätten. Daß Schiffe von vornherein den Weg Süd um Tasmanien haben nehmen wollen, dann aber zu dem Wege durch die Bass-Straße gedrängt worden sind, scheint nicht vorzukommen, wenn sie auf 120 bis 130° O-Lg. entsprechend südlich stehen.

Deutsche Segler (1891—1910) von 115° O-Lg. im	Nach Kap Borda				Nach Kap Otway				N. d. Südkap Tasmaniens			
	Reisen				Reisen				Reisen			
	schnellste	mittlere	längste	Zahl der	schnellste	mittlere	längste	Zahl der	schnellste	mittlere	längste	Zahl der
	Tage	Tage	Tage		Tage	Tage	Tage		Tage	Tage	Tage	
Dezember	5	7.7	11	22	7	9.2	12	8	5	7.4	10	16
Januar	6	8.0	11	9	5	9.2	12	9	6	7.6	11	15
Februar	6	8.5	13	13	7	9.2	15	12	6	7.8	12	23
März	5	8.8	17	11	5	7.3	12	14	6	7.4	11	9
April	5	8.1	16	13	7	9.1	12	9	6	8.5	12	15
Mai	6	8.5	11	9	5	7.6	14	20	5	7.5	10	11
Juni	6	8.5	12	8	6	8.5	15	18	6	7.7	10	9
Juli	4	6.5	8	4	6	9.3	15	16	5	7.6	10	13
August	5	7.9	12	7	7	8.8	12	16	6	8.9	12	17
September	5	7.4	13	10	6	9.4	14	14	5	7.8	12	11
Oktober	4	7.4	10	12	5	7.9	11	11	5	7.3	11	13
November	4	8.8	13	19	6	8.8	15	8	6	7.6	12	10
Jahr	4	8.0	17	137	5	8.7	15	155	5	7.8	12	162

Die Entfernung vom Südkap Tasmaniens auf dem mittleren Seglerwege nach Sydney oder Newcastle ist im Durchschnitt 70 Sm größer, als von Kap Otway.

g. Nach der Nordküste Australiens. Nach Port Darwin oder westlicheren Orten gehe man stets vor der Westküste Australiens ungefähr auf dem Wege 9f nach Norden. Im West-Monsun hat man raume Winde vor der Küste; im Ost-Monsun sollte man auf St-B.-Halsen segeln, und wenn man kreuzen muß, sich erst von etwa 125° O-Lg. an wieder in der Nähe der australischen Küste halten. Nach dem Golf von Carpentaria segle man ebenfalls West um Australien, wenn man 80° O-Lg. vom 1. August bis 15. Februar überschreitet. Überschreitet man 80° O-Lg. vom 16. Februar bis zum 31. Juli, so gehe man Ost um Australien und durch den Großen Nordost-Kanal durch die Torres-Straße.

h. Nach Neuseeland laufe man die Länge soweit im Süden ab, wie es nach 1 zulässig ist, und segle Süd um Tasmanien. Nach Häfen an der Ostküste von Neuseeland, einschließlich Port Napier, laufe man stets Süd um, bei den Snares entlang. Nach Auckland nehme man im südlichen Sommer den Weg Süd um, im südlichen Winter den Weg Nord um Neuseeland, namentlich wenn man durch die Bass-Straße gekommen ist. Der Weg durch die Cook-Straße ist nicht empfehlenswert.

i. Nach den Südsee-Inseln laufe man im Westwindgebiet so weit nach Osten, daß man im SO-Passat kein Ost mehr gut zu machen braucht. Die mittlere Grenze des SO-Passats liegt im

Dez. bis März	April	Mai	Juni bis Sept.	Okt.	Nov.
32 bis 33° S-Br.	30° S-Br.	25½° S-Br.	23½° S-Br.	25° S-Br.	28¼° S-Br.

Von dieser Grenze bleibe man bis zum Aufsteuern in den Passat in guter Entfernung. Nach Samoa sollte man von Dezember bis März, nach Tahiti stets Süd um Neuseeland gehen. Nach dem Bismarck-Archipel halte man sich in der Zeit des Nordwest-Monsuns in den australischen Gewässern nicht zu östlich und steuere von Mitte Dezember bis gegen Mitte März die Insel Rossel (11° 22′ S-Br. in 154° 20′ O-Lg.) an.

k. Nach Ostasien. Von der Länge des Südkaps von Tasmanien biege man allmählich nach Nordosten und überschreite 160° O-Lg. in 38 bis 33° S-Br. Dann steuere man in etwa 162° O-Lg. nach Norden und mitten durch zwischen der Nordwest-Huk von Neu Caledonien und den Riffen in der Nachbarschaft von 20° S-Br. und 160° O-Lg. Der weitere Weg führt zwischen den Salomon- und den St. Cruz-Inseln durch. Im Oktober und November, wo der SO-Passat bis zur Linie durchsteht, aber oft schral ist, sollte man gut Luv halten und so nahe wie sicher ist, an der Nordseite des D'Entrecarteaux-Riffes entlang gehen. Im Dezember und später braucht man für Ost nicht zu sorgen, wenn man die Breite des Bampton-Riffes hinter sich hat, weil dann von 12 oder 13° S-Br. an westliche Winde wehen. Es genügt dann, bei raumem SO-Passat den Kurs 50 Sm frei von San Cristobal zu setzen. Von der Durchfahrt zwischen den Salomon- und den St. Cruz-Inseln steuere man bei raumem Winde nicht westlicher als rw. NNW; bei schralem Winde segle man unbekümmert um Länge auf den Halsen, die am meisten Nord bringen, bis man den NO-Passat erfaßt. Im NO-Passat mache man da am meisten Länge, wo er am kräftigsten ist. Wenn man nach Japan will und den Wind raum genug hat, so steuere man die Nordgrenze des NO-Passates ungefähr in der Länge des Bestimmungsortes oder in Rücksicht auf den Kuro Siwo etwas westlicher davon an. Reisedauer vom Südkap Tasmaniens: a. bis zur Linie 28 Tage (längste 36, schnellste 19 Tage, von 15 Reisen); b. von der Linie nach Yokohama 25 Tage (längste 30, schnellste 18 Tage, von 11 Reisen); c. von der Linie nach Nagasaki 27 Tage (längste 32, schnellste 22 Tage, von 5 Reisen).

Kurze Anweisungen für Rückreisen.

16. Von Australien nach Mauritius, Südost-Afrika oder dem Kap der Guten Hoffnung.

a. Allgemeines. Auf diesen Reisen segelt man vor der Südküste Australiens bis Kap Leeuwin nach Westen. Weil aber im Winter vor der Südküste Australiens starke westliche Winde sehr überwiegen, wird man auf Reisen von der Ostküste im Winter im allgemeinen besser tun, namentlich auf Reisen nach Kapstadt, den Weg um Kap Horn zu nehmen oder — namentlich auf Reisen nach Mauritius oder der Ostküste Afrikas und besonders mit Schiffen in Ballast — Nord um Australien und durch die Torres-Straße zu segeln.

b. Von der Südküste Australiens nach Westen. Im Winter, wo starke westliche Winde überwiegen, Winde, deren Richtungsänderungen vornehmlich mit weiter im Süden ostwärts ziehenden, meistens rinnenförmigen Gebieten niedrigsten Luftdruckes zusammenhängen, bleibt gewöhnlich nichts übrig, als an den Vorderseiten der Minima, bei fallendem Luftdruck und nordwestlichen Winden auf St-B.-Halsen, an der Rückseite der Minima bei steigendem Luftdruck und südwestlichen Winden auf B-B.-Halsen zu segeln. Dabei sollte man so viel Segel führen, wie die Umstände irgend zulassen, und sollte sich so halten, daß man jede Windänderung auf den richtigen Halsen ausnutzen kann, z. B. bei südwestlichem Winde nicht zu früh unter Land gedrängt wird. Da bei Kap Leeuwin oft SW-Wind weht, sollte man vor dem westlichen Teile der Südküste Australiens nicht dicht unter Land gehen, es sei denn beim Ausnutzen einer guten Gelegenheit auf B.-B.-Halsen. Bei einer solchen darf man — den für die Sicherheit des Schiffes notwendigen Abstand vorausgesetzt — darauf rechnen, daß der Wind mit der Annäherung an Kap Leeuwin auf B.-B.-Halsen raumen wird.

Im Sommer ist es gewöhnlich leicht nach Westen vorzudringen, doch sollte man auch dann berücksichtigen, daß bei Kap Leeuwin vielfach südwestlicher Wind ist, während er weiter im Osten aus einer südlichen oder wohl gar südöstlichen Richtung weht.

c. Von Kap Leeuwin nach der Südostküste Afrikas. Man suche zunächst auf einem nordwestlichen Kurse in den SO-Passat zu kommen und steuere unter gewöhnlichen Verhältnissen etwa 2° nördlich von der mittleren Passatgrenze, d. h. auf den folgenden Breiten westwärts:

Im Januar, Februar und März	auf 28° S-Br.	Im Juni, Juli und August	auf 22° S-Br.
„ April	„ 27 „	„ Oktober und November	„ 23 „
„ Mai	„ 25 „	„ Dezember	„ 25 „

Findet man aber schon in südlicheren Breiten frischen Passat, so nutze man ihn auf einem ziemlich westlichen Kurse ruhig aus; dabei muß man aber abflauende Brise bei hohem oder noch steigendem Luftdruck als ein Zeichen ansehen, daß man nördlicher steuern muß, um Brise zu behalten. Da sich der Weg querüber den Ozean für jeden Breitengrad, den man unnötig nach Norden geht, um etwa 60 Sm verlängert, ist vorgeschlagen worden, von Kap Leeuwin aus etwa auf der Loxodrome an der Südseite des hohen Luftdruckes der Roßbreiten westwärts zu segeln. Man behauptet, dort gutes Wetter und nördliche Winde zu haben und um so leichter nach Westen vorzudringen, als der Wind dort vielfach östlich, nach dem Vorübergange eines Tiefs im Süden sogar wohl südöstlich hole. Zu diesem Wege kann im allgemeinen nicht geraten werden; wenn man aber bei Kap Leeuwin statt der gewöhnlich südlichen, nördliche Winde findet, so sollte man die Gelegenheit, auf B.-B.-Halsen nach Westen vorzudringen, ausnutzen. Man sollte bei nordöstlichem Winde nicht einmal viel Nord mit anholen, sondern voll weg nach West halten; aber man sollte sich auf einen Ausschießer gefaßt machen und die damit eintretende Gelegenheit, nach Norden und in den Passat zu kommen, wahrnehmen. Solche Rundläufe hat man gelegentlich auch im Passat, namentlich im Winter und zwischen 60 und 50° O-Lg. Liegt der Bestimmungsort nicht im Passat, so steuere man nach Westen, bis man auf die Wege der von Ostindien kommenden Schiffe kommt (vgl. Nr. 20 b, c und d) und steuere auf diesen Wegen weiter. Reisedauer: Von Kap Otway bis Kap Leeuwin 19 Tage (längste 39, schnellste 8 Tage, von 17 Reisen); von Kap Leeuwin bis Südafrika 38 Tage (längste 56, schnellste 27 Tage, von 81 Reisen).

17. Wegetafel für Rückreisen durch die Straßen.

Abfahrtsort	Abfahrtszeit vom	bis	Weg
Singapore, Bangkok oder Saigon	1. I.	31. XII.	Südchinesisches Meer und Sunda-Str.
Hongkong oder Südchina	1. V.	31. VIII.	Mindoro-, Basilan- und Makassar-Str. oder durch das Südchinesische Meer.
	1. IX.	30. IV.	Südchinesisches Meer und Sunda-Str.
Manila	1. V.	31. VIII.	Stets: Mindoro-, Basilan- und Makassar-Str.
	1. IX.	15. IX.	Gewöhnlich: " " " " "
			Ausnahmsweise: Südchinesisches Meer und Sunda-Str.
	16. IX.	19. IV.	Stets: " " " " "
	20. IV.	30. IV.	Gewöhnlich: " " " " "
			Ausnahmsweise: Mindoro-, Basilan- und Makassar-Str.
Iloilo oder Cebu	1. V.	15. IX.	Stets: Basilan- und Makassar-Str., ausnahmsweise kann man von Cebu aus durch die San Bernardino-Str. gehen.
	16. IX.	10. X.	Zuweilen noch: Basilan- und Makassar-Str.
			Gewöhnlich schon: Balabak- oder Mindoro-Str., Südchines. Meer und Sunda-Str.
	11. X.	31. III.	Stets: Balabak-Str. und Südchinesisches Meer
	1. IV.	30. IV.	Zuweilen noch: " " " " "
			Gewöhnlich schon: Basilan- und Makassar-Str.
	Wenn d. Breite v. Formosa überschritt. wird vom	bis	
Japan, Nordsibirien, Ostchina od. Formosa	1. V.	31. VIII.	Stets: Ost um die Philippinen.
	1. IX.	15. IX.	Gewöhnlich noch: " " " " "
			Ausnahmsweise: Südchinesisches Meer und Sunda-Str.
	16. IX.	31. III.	Stets: " " " " "
	1. IV.	30. IV.	Gewöhnlich noch: " " " " "
			Ausnahmsweise schon: Ost um die Philippinen.
Südl. Ausfahrt aus der Makassar-Str.	15. X. etwa	30. IV.	Durch die Bali- oder d. die Lombok-Str.; auch noch im Mai od. schon vor dem 15. Okt., wenn der Ost-Monsun flau ist.
	15. V.	30. IX.	Durch die Sunda-Str., aber nur, wenn schon oder noch frischer Ost-Monsun weht.
Djilolo-Str., Molukken-See, Amboina od. Banda	im Ost-Monsun		Durch die Buton-Durchfahrt u. die Saleier- u. die Lombok-Str. od. südlich von Moro Maho (Veldhun-Eiland) 124.6° O-Lg. entlang und durch die Alas-Str. oder durch die Manipa- u. die Ombai-Str., die letzten sind vorzuziehen, wenn der Monsun noch kräftig ist und man sie trotzdem anholen kann.
	im West-Monsun		Zu Anfang oder Ende des West-Monsuns versuche man nach der Lombok- oder doch wenigstens nach der Alas-Str. aufzuarbeiten. Im Dez. u. Jan. ist dies aussichtslos, ebenso der Versuch, durch die Ombai-Str. zu kommen.

Abfahrtsort	Abfahrtszeit vom	bis	Weg
Batavia	immer		Durch die Sunda-Str.; ist im Dez. oder Jan. der West-Monsun zu steif, so warte man vor Anker auf Gelegenheit, nach der Sunda-Str. zu kommen.
Cheribon	März	15. XI.	Nach Schluß und bis zum Wiedereinsetzen des West-Monsuns durch die Sunda-Str.
	Nov.	16. III.	Durch die Bali-Str.; hat aber der West-Monsun im Nov. noch nicht eingesetzt oder im März schon aufgehört, so gehe man durch die Sunda-Str.
Samarang	April	Okt.	Sunda-Str.
	Nov.	15. III.	Bali-Str., kann man im Nov. noch oder im März schon vor dem 15. gut nach Westen kommen, so gehe man durch die Sunda-Str.
Soerabaja	immer		Durch die Bali-Str.; kann man jedoch d. die Nordeinfahrt gehen, so segle man im
	Mai	Sept.	nach der Sunda-Str.
	im West-Monsun		Nur wenn man die Bali- oder die Lombok-Str. nicht erreichen kann, gehe man durch die Alas-Str.

18. Von ostasiatischen Gewässern nach dem Indischen Ozean.
(Siehe hierzu 17. Wegetafel.)

a. Im Anfang des Nordost-Monsuns halte man sich im Südchinesischen Meere gut westlich. Trifft man bei Kap Padaran noch Südwestwind, so vermeide man des Stromes wegen, sich der Küste sehr zu nähern. Weiterhin mache man West und gehe westlich von den Anamba-Inseln nach Süden, dann durch die Banka-Straße und längs der Küste von Sumatra. Südlich von den Brothers sollte man sich nahe unter Sumatra halten, wo man geschützte Ankerplätze findet und günstige Umstände abwarten kann, wenn in der Sunda-Straße heftiger West-Monsun und starke Nordost-Strömung herrscht. Gelangt man jedoch vor dem 10. November in die Sunda-See, wo dann noch östliche Winde zu erwarten sind, so segle man durch die Gaspar-Straße und setze den Kurs auf den Nord-Wächter. Von Hongkong aus gehe man westlich von den Paracels entlang. Von Manila aus suche man zunächst ungefähr 112° O-Lg. zu erreichen, ohne allzuviel Süd zu machen. Von Saigon, Bangkok oder Singapore aus halte man sich westlich von den Anamba-Inseln und gehe durch die Banka-Straße.

b. Im vollen Nordost-Monsun nehme man von Singapore, Bangkok und Saigon aus den Weg im Westen der Anamba-Inseln und durch die Banka-Straße; aber von Hongkong oder nördlicheren Häfen nehme man den kürzesten Weg zwischen den Anamba- und den Natuna-Inseln durch. Kann man die Banka-Straße bequem anholen, so gehe man durch diese, anderenfalls segle man durch die Gaspar-Straße, suche dann aber beizeiten unter Sumatra zu kommen. Von Manila aus nehme man den kürzesten Weg um North Danger nach 10° N-Br. in 111° O-Lg. und verfahre dann, wie von Hongkong aus. Von der Balabak-Straße gehe man zwischen Groß- und Süd-Natuna durch.

c. Gegen Ende des Nordost-Monsuns hält sich der NO-Wind am längsten im nordöstlichen Teile des Südchinesischen Meeres; an der Cochinchina-Küste und weiter südlich halten dann schon östliche und südöstliche Winde auf. Deshalb sollte man von Hongkong aus über die Macclesfield-Bank oder östlich davon entlang, im Februar und in der ersten Hälfte März noch zwischen Anamba und Natuna durch, in der zweiten Hälfte März und im April aber an der Westseite der Bänke entlang und zwischen Groß- und Süd-Natuna durchgehen. Dann gehe man bis Ende März durch die Banka- oder die Gaspar-Straße und unter der Küste Sumatras entlang. Im April und Mai steuere man durch die Gaspar- und Karimata-Straße, laufe den Nord-Wächter an und setze den Kurs auf St. Nikolas-Huk. Von Manila gehe man so dicht um die Westseite der Bänke herum, wie sicher ist, und weiter wie von Hongkong. Von der Balabak-Straße gehe man bis Ende März noch nördlich von Süd-Natuna, später an der Küste von Borneo entlang und durch die Api-Straße.

Von Singapore, Bangkok oder Saigon sollte man nach dem 10. April nicht mehr durch die Banka-Straße gehen.

d. In der Zeit des Südwest-Monsuns von Singapore, Bangkok oder Saigon. Von Singapore. Zum Verlassen der Straße warte man die späten Abend- oder die frühen Morgenstunden ab, wo der SO-Wind auf S bis SW zu holen pflegt, und segle dann auf einem langen Schlage auf St-B.-Halsen vom Lande ab. Muß man vor den Anambas wenden, so kreuze man in deren Nähe, keinesfalls aber vor der Malaiischen Küste. Kann man auf St-B.-Halsen vor der Südseite der Anambas vorüberlaufen, so segle man nach der Westküste von Borneo hinüber und kreuze dort zwischen dieser und den Tambelan-Inseln südwärts. Weiterhin empfiehlt es sich, im allgemeinen mehr durch die Gaspar-Straße als durch die Karimata-Straße zu kreuzen. Vom Sholzen-Kanal aus kann man den Nord-Wächter meistens ohne Schwierigkeiten anholen. Von Bangkok aus halte man sich zunächst möglichst nahe, aber wegen der Gewitterböen aus SW bis NW vorsichtig an der Malaiischen Küste. Wenn man dann auf 5° N-Br. oder schon vorher das Land verläßt, so segle man auf St-B.-Halsen durch den starken nördlichen Strom und kreuze weiterhin zwischen den Anambas und den Natuna-Inseln durch nach der Westküste Borneos und wie von Singapore aus weiter. Von Saigon aus kreuze man unter Ausnutzung von Land- und Seebrise bis Pulo Obi auf, segle dann auf St-B.-Halsen vom Lande weg und kreuze wie von Bangkok aus weiter.

e. Im Südwest-Monsun von Hongkong. Will man durch das Südchinesische Meer, so suche man auf langen Schlägen nach SO und kurzen nach W North Danger zu erreichen; ist der Wind aber anfangs S oder SSO, so segle man zwischen Hainan und den Paracels durch nach der Küste und arbeite vor dieser bis Kap Varella, dann segle man auf St-B.-Halsen nach den Untiefen hinüber. Weiterhin kreuze man an der Westseite der Untiefen südwestwärts nach den Natunas und wie von Saigon aus weiter.

Empfehlenswerter ist es aber, von Hongkong aus zunächst jede Gelegenheit, Süd gut zu machen wahrzunehmen, und mit einer guten Gelegenheit auf St-B.-Halsen nach der Mindoro-Straße hinüberzulaufen. Dann nehme man den Weg 18g, wie von Manila aus.

Vereinzelt ist auch wohl der Weg 18f Ost um die Philippinen genommen worden, er wird aber nicht empfohlen.

f. In der Zeit des Südwest-Monsuns von Japan, Nord- oder Ostchina. Man segle nach der Ostseite der Philippinen und dort — aber nicht zu nahe daran — nach Süden. Weiterhin segle man durch die Djilolo-Straße, vermeide aber, an der Westseite der Einfahrt in die Djilolo-Straße einzusegeln, weil man bei der Linie auf SO-Wind und westlichen Strom zu rechnen hat. Ist man durch die Djilolo-Straße, so segle man bei leichtem und genügend östlichem Winde durch die Manipa- und die Ombai-Straße. Ist der Wind dafür zu schral und zu frisch, so laufe man durch die Manipa-Straße bei Moro Maho (124,6° O-Lg.) entlang, vor der Nordküste von Flores und Sumbawa nach Westen und durch die Alas-Straße in den Indischen Ozean. Man kann von der Djilolo-Straße aus auch durch die Buton-, die Saleier- und die Lombok-Straße in den Indischen Ozean gehen (vgl. hierzu 13 b u. c). Ist man nicht sicher, den Indischen Ozean noch vor Anfang November zu erreichen, so sollte man nicht mehr durch die Djilolo-Straße gehen.

g. Von Manila (oder von Hongkong), von Cebu oder von Iloilo im Südwest-Monsun. Von Panay bis zur Basilan-Straße in der Sulu-See suche man bei passender Gelegenheit stets West gut zu machen, ebenso auf der Strecke von der Basilan- nach der Makassar-Straße. Hält man sich bei der Annäherung an die Makassar-Straße nicht gut westlich, so läuft man Gefahr, östlich vertrieben und zu dem Umwege durch die Molukken- oder durch die Djilolo-Straße gezwungen zu werden. Beim Einsegeln in die Makassar-Straße halte man sich an der Borneo-Seite. Von den Wächter-Inseln bis Kap William steuere man vor der Celebes-Seite und dann südlich von den Paternoster-Inseln entlang. Verläßt man die Makassar-Straße vor dem 20. Oktober, so steuere man westwärts nach dem Nord-Wächter und durch die Sunda-Straße. Verläßt man die Makassar-Straße nach dem 20. Oktober und vor Ende März, so segle man durch die Lombok-Straße. Kommt man Ende März oder im April aus der Makassar-Straße, so segle man durch die Lombok-Straße, wenn noch West-Monsun, aber durch die Sunda-Straße, wenn schon Ost-Monsun weht.

h. Durch die Molukken-Straße. Sollte man von der Makassar-Straße ostwärts nach der Molukken-Straße hingedrängt werden, so suche man zunächst unter die Nordküste von Celebes zu gelangen, segle südlich von der Insel Biaroe entlang und auf St-B.-Halsen unter die Küste von Djilolo. Dort kreuze man auf, bis man bei südöstlich holendem Winde östlich von Lisamatula und südlich von Sula Besi entlang segeln kann. Gelingt es nicht, durch die Molukken-Straße zu kommen, so muß man (vgl. 18 f) durch die Djilolo-Straße segeln.

i. Ungefähre mittlere Reisedauer bis in den offenen Indischen Ozean. Durch das Südchinesische Meer: Von Singapore im Dez., Jan., Febr. 9, im März 12, im April 23, im Mai und Juni 28, im Juli und Aug. 19, im Sept., Okt. und Nov. 16 Tage. Von Bangkok im April und Mai 37, im Juli und August 30, im Nov. und Dez. 22 Tage. Von Saigon im März 11, im Mai 35, im Juni und Juli 26 Tage. Von Manila im Jan. 14, im Febr. und März 24, im April 37, im Sept. 48, im Okt. 38, im Nov. und Dez. 23 Tage. Von Hongkong im Südwest-Monsun 44 Tage. Von Iloilo oder Cebu im Dez. und Jan. 18, im Febr. und März 22, im Okt. und Nov. 39 Tage. Durch die Sulu-See und die Makassar-Straße: Von Hongkong im Südwest-Monsun 34 Tage. Von Iloilo oder Cebu im April 28, im Mai, Juni, Juli und Aug. 35, im Sept. und Okt. 40 Tage. Ein Schiff hatte von Cebu durch die San Bernardino-, die Djilolo- und die Ombai-Straße im Juni (1883) 33 Tage.

19. Von der Java-See und durch die Straßen in den Indischen Ozean.
(Siehe hierzu 17. Wegetafel.)

a. Von Java. Im Ost-Monsun geht man von allen Plätzen an der Nordküste Javas durch die Sunda-Straße, vor der man 3 bis 4 Tage Segelns günstiger steht als vor einer der östlichen Straßen. Nur Schiffe, die ihres Tiefganges wegen von Soerabaja aus nicht durch das Westgat in die Java-See kommen können, oder die von einem Ladeplatze an der Madura-Straße kommen, gehen durch die Bali-Straße, gelegentlich auch durch die Lombok-Sraße, was für sie kein nennenswerter Umweg ist, in Anbetracht dessen, daß sie im freien Ozean frischeren Ost-Monsun erwarten können, als in der Java-See.

Im West-Monsun ist es schwer, in der Java-See nach Westen zu kommen, und die meisten Schiffe gehen dann von der Nordküste Javas durch die Bali- oder die Lombok-Straße, einzelne sogar von Batavia aus. Man sollte von Batavia aus den Weg durch die Sunda-Straße aber nicht leicht aufgeben, denn er ist bis zum Kap der Guten Hoffnung etwa 1000 Sm kürzer, auch gelangt man von der Sunda-Straße aus im West-Monsun viel leichter in den Südost-Passat, als von einer östlichen Straße.

Im Monsunwechsel nehme man von Batavia aus den Weg immer durch die Sunda-Straße, von östlicheren Plätzen richte man sich nach den Verhältnissen, nach der Eigentümlichkeit des Jahres, der Lage des Abfahrtsortes, den Eigenschaften seines Schiffes usw. (Vgl. 17. Wegetafel.)

b. Von Makassar verfahre man nach 18 g. Bei leichten veränderlichen Winden segle man durch die Lombok- oder durch die Bali-Straße. Ist im West-Monsun der Wind so schral, daß man auf St-B.-Halsen nicht westlich von Taka Ramata und den Paternoster-Inseln entlang liegen kann, so mag es am besten sein, erst südlich von den Postillion-Inseln zu kreuzen und durch die Alas-Straße zu gehen.

c. Von den Molukken oder von Amboina oder Banda. Im Ost-Monsun fallen diese Reisen mit denen, die in 18 f, g und h besprochen sind, zusammen. Im West-Monsun wird es schwer, im Dezember und Januar vielleicht unmöglich sein, sich nach der Lombok- oder nach der Alas-Straße aufzuarbeiten. Vielleicht könnte man die Sapi-Straße anholen, aber sie ist gefährlich und liegt ungünstig für die Weiterreise nach Westen. Die Ombai-Straße kommt im West-Monsun nicht in Frage, sie liegt zu weit in Lee.

d. Durch die Straßen. Man segle im Ost-Monsun stets die Ostseite, im

West-Monsun stets die Westseite der Straßen an. Die Durchfahrt nach dem Indischen Ozean ist im Ost-Monsun leichter, als im West-Monsun. Nähere Angaben vgl. unter Strömungen in den Straßen Seite 29 ff und unter 9 b, 9 c usw.

20. Von den Straßen nach dem Kap der Guten Hoffnung.

a. Der östliche Teil des Weges. Von den Straßen aus suche man auf einem südwestlichen Kurse in den Strich des frischen Südost-Passates zu kommen. Im Südost-Monsun steuere man südwestlich, bis man kräftigen Passat erreicht hat. Im Monsunwechsel pflegen die Windrichtungen dem Vordringen nach Süden und Westen keine Schwierigkeiten zu machen. Im West-Monsun hat man aber gewöhnlich westliche bis südwestliche Winde vor den Straßen. Von der Sunda-Straße aus kann man raumschots auf St-B.-Halsen, wenn nicht gar raumschots, nach Süden und Westen segeln. Von den östlichen Straßen aus muß man auf St-B.-Halsen gewöhnlich viel Ost zusetzen, und da die Passatgrenze südöstlich verläuft, muß man einen südlicheren Kurs als rw. SO gutmachen, um in den Passat zu kommen. So lange man rw. SSO gutmacht, mag es am besten sein, auf St-B.-Halsen zu segeln, so oft sich aber der Wind so südlich zieht, daß man auf B-B.-Halsen kein oder wenig Nord zusetzt, muß man die Gelegenheit, auch etwas nach Westen vorzudringen, ausnutzen. Bei raumem Winde ist immer der Kurs der beste, auf dem man am meisten Fahrt nach Süden und Westen macht.

b. Der Weg im Passat. Den frischesten Passat hat man zwischen 15 und 18° S-Br. Deshalb steuere man bis nach 15° S-Br. etwa SW oder so südlich, daß man die Segelfähigkeit des Schiffes so gut wie möglich ausnutzt. Von 15° S-Br. an steuere man westlicher, und zwar von Mai bis November nördlich von Rodriguez entlang nach den folgenden Schnittpunkten: 60° O-Lg. in 20° S-Br., 50° O-Lg. in 25° S-Br., 40° O-Lg. in 28° S-Br. Von Dezember bis April steuere man südlich von Rodriguez entlang über 60° O-Lg. in 22° S-Br., 50° O-Lg. in 26° S-Br., 40° O-Lg. in 29° S-Br. Auf diesem Wege nutzt man den Südost-Passat am besten aus. Sollte er so steif und so schral sein, daß man den empfohlenen Weg nicht ohne Beeinträchtigung der Fahrt des Schiffes einhalten kann, so sollte man in Erwartung, daß bald flauere und raumere Brise folgen werde, abhalten und, wenn es sein muß, nördlich von Mauritius und Réunion entlanggehen. Sollte stürmischer Passat von Dezember bis April Vorbote eines Orkanes sein, so hat man auf dem empfohlenen Wege Raum genug für zweckmäßiges Verhalten. Vgl. Seite 11 ff u. Seite 22 ff.

c. Umsegelung des Kaps der Guten Hoffnung. Im allgemeinen sollte man etwa vor East London oder, wenn man durch den Wind nach Norden gedrängt wird, vor Port Natal unter Land gehen. Da der Wind vorwiegend längs der Küste oder ablandig ist, läuft man dabei keine Gefahr; doch sollte man soviel Abstand behalten, daß man bei einem gelegentlichen Südoststurme Raum hat zum Treiben. Von der Südost-Ecke Afrikas an sollte man sich stets in der Nähe des Landes und beim Aufkreuzen gegen westliche Winde bei der Kante der Bank halten, um vom Strom soviel Vorteil wie möglich zu haben. Wenn bei schweren westlichen Stürmen der Seegang in der gegen den Wind setzenden westlichen Strömung zu gefährlich wird, suche man das kalte Wasser auf der Bank auf, wo die See ruhiger ist, wo man aber den günstigen Strom verliert. Von Kap Agulhas an halte man sich nicht mehr zu nahe an der Küste, damit man sich bei etwaigen südlichen Winden im Winter auf B-B.-Halsen vom Kap der Guten Hoffnung freisegeln kann oder damit man bei südlichen Winden im Sommer nicht in Verlegenheit kommt. Versuche, bei westlichen Stürmen im Winter über 40° S-Br. nach Süden zu gehen und die Ostwindseiten der Depressionen aufzusuchen, können nicht empfohlen werden.

d. Sturmtabelle für die Umsegelung des Kaps der Guten Hoffnung. Nach Toynbee entfielen durchschnittlich auf 1000 Windbeobachtungen

im:	Jan.	Febr.	März	April	Mai	Juni	Juli	Aug.	Sept.	Okt.	Nov.	Dez.
	80	60	50	60	110	130	110	140	150	90	80	90

Beobachtungen mit Windstärke 8 oder mehr. Davon waren

	in den Monaten	Jan.	Febr.	März	April	Mai	Juni	Juli	Aug.	Sept.	Okt.	Nov.	Dez.
Beobachtungen	mit Sturm aus SO	7	20	8	4	9	4	4	26	15	8	18	13
„	„ „ „ NO	6	12	5	9	5	10	4	8	18	2	2	7
„	„ „ „ NW	13	7	14	12	45	56	50	53	37	27	18	8
„	„ „ „ SW	32	17	17	26	30	42	35	45	53	32	33	48
„	mit Ausnahmesturm	22	4	6	9	21	18	17	11	27	21	9	14

Ausnahmestürme nennt Toynbee solche, bei denen sich die Windrichtung nahebei um 16 Strich ändert.

e. Mittlere Reisedauer von den Straßen bis nach Kap Agulhas.

Deutsche Segler 1875—1890.

	im:	Jan.	Febr.	März	April	Mai	Juni	Juli	Aug.	Sept.	Okt.	Nov.	Dez.
Tage von der Sunda-Straße		39.2	39.4	41.1	45.2	42.8	40.8	37.8	37.5	37.7	38.3	41.1	39.7
„ v. d. Bali- od. d. Lombok-Str.		54.3	55.9	48.3	—	47.2	43.0	40.5	40.8	44.0	43.1	45.6	52.1

21. Vom Golf von Bengalen nach dem Kap der Guten Hoffnung.

a. Nach dem Südost-Passat im Nordost-Monsun. Von Rangoon oder Moulmein. Vor Mitte März ausgehend steuere man durch den 10°-Kanal über 5° N-Br. in 90° O-Lg. nach der Linie in 89° O-Lg. Dann suche man hauptsächlich Süd gutzumachen, bis man den Passat erreicht. Nach Mitte März ausgehend suche man ebenfalls durch den 10°-Kanal oder doch durch den Sombrero-Kanal nach der Westseite der Inseln zu kommen. Hat man zwischen 11 und 6° N-Br. noch gute Gelegenheit, so suche man 5° N-Br. in 90 oder 89° O-Lg. zu erreichen; hat man Westwind, so suche man nur Süd gutzumachen, wenn man auch wieder Länge zusetzen muß, ehe man den Südost-Passat erreicht.

Von Bassein oder Akyab steuere man etwas vom Lande ab und setze vor Ende Februar den Kurs über 5° N-Br. in 90° O-Lg. und weiter wie von Rangoon. Im März und April halte man sich wegen der häufigen Stillen mitten im Golf nicht weit von den Andamanen und gehe erst im Süden von 10° N-Br. über 91° O-Lg. nach Westen. Hat man gegen Ende des Monsuns schon östliche Winde, bei denen man nicht auf St.-B.-Halsen vor der Westseite der Andamanen vorüberbiegen kann, so gehe man an ihrer Ostseite, östlich von Barren-Eiland, nach Süden; 10° N-Br. schneide man dabei nicht westlich von 93° O-Lg. und verfahre im übrigen wie von Rangoon. Vor dem 20. März sollte man den Weg östlich von den Andamanen nicht einschlagen.

Von Calcutta. Im November steuere man so nach SW, daß man in 17° N-Br. etwa 3° von der Küste steht; dann steuere man eine gute Strecke östlich von Ceylon nach Süden. Vom 1. bis 15. Dezember steuere man über 16° N-Br. in 84 bis 85° O-Lg., vom 16. bis 31. Dezember über 5° N-Br. in 85½° O-Lg. nach Süden. Sand Heads vom 1. bis 15. Januar passierend, steuere man rw. SzO bis 89° O-Lg. und in 87° O-Lg. aus dem Golf. Vom 16. bis 31. Januar sollte man bis 90° O-Lg. ungefähr rw. SO steuern, dann S, und 10° N-Br. in etwa 88° O-Lg. schneiden. Im Februar steuere man rw. SOzS oder etwas östlicher, über 10° N-Br. in 91½° O-Lg. und 5° N-Br. in 90° O-Lg. und weiter nach Süden. Im März steuere man bis 90½° O-Lg. etwa rw. OSO, dann bis 92° O-Lg rw. SO, dann bis 7° N-Br. rw. S und in 91° O-Lg. aus dem Golf. Im April halte man nach der Ostseite des Golfs, überschreite aber 91° O-Lg. erst in 17° N-Br. und steuere zwischen 91 und 92° O-Lg. aus dem Golf. Auf diesen Wegen hat man von Calcutta aus im allgemeinen die frischesten Winde.

Von Madras oder anderen Häfen an der Westseite des Golfes. Im November steuere man in gutem, im Dezember, Januar und Februar in mäßigem Abstande von Ceylon aus dem Golf. Im März kann man auf der Westseite des Golfes schon südliche Winde treffen, bei denen man auf St.-B.-Halsen segeln muß, bis sich der Wind ändert und man nach Süden segeln kann. Im April segelt man auf St.-B.-Halsen aus dem Golf. Um auf den Reisen von Madras oder anderen Häfen an der Westseite des Golfes auf einem bequemen Kurse durch den Südost-Passat segeln zu können, sollte man in den Monaten des Nordost-Monsuns 5° S-Br. zwischen 81° und 85° O-Lg. überschreiten, näher bei 81° im Jan., Febr. und März, näher bei 85° in den übrigen Monaten des Nordost-Monsuns.

Von Penang aus segle man zwischen Groß-Nikobar und Pulo Bras durch.

Sollte man im November noch westliche Winde treffen, so mache man einen Schlag nach NNW, bis der Wind herumholt. Bei Westwind im April wird man sich besser in der Nähe von Sumatra halten. Im Nordwest-Monsungebiet und in den Mallungen ist immer der Kurs am besten, der am meisten Süd bringt. Auf die weitere Reisedauer macht es kaum irgendwelchen Unterschied, ob man die Linie einige Grade östlich oder westlich von 90° O-Lg. überschritten hat.

b. Nach dem Südost-Passat im Südwest-Monsun. Von der Ostseite des Golfes sollte man jede Gelegenheit, West zu machen, ausnutzen, z. B. von Rangoon aus auf den Gründen bei Ebbstrom aufkreuzen, bei Flutstrom ankern; es sei denn, man könne auf St-B.-Halsen West anholen. So oft der Wind südlich holt, mache man einen Schlag nach Westen auf B-B.-Halsen. Auch von Bassein oder Akyab oder nördlicheren Plätzen wird man, wie von Rangoon aus, an der Ostseite der Andamanen nach Süden segeln müssen. Man suche nördlich von Groß-Nikobar nach Westen zu kommen; gelingt das nicht, um die Südspitze von Groß-Nikobar herum, und wenn auch das mißlingt, unter Sumatra nach Westen zu kommen, bis man frei von Atjeh-Huk auf St.-B.-Halsen nach Süden segeln kann. Von Calcutta. Im Mai sollte man die Reise östlich von 89° O-Lg. machen und, wie im April, zwischen 91 und 92° O-Lg. aus dem Golf segeln. Im Juni segle man zunächst südostwärts, um schnell aus dem schlechten Wetter des oberen Golfes zu kommen; weiter südlich kann man bei passender Gelegenheit West gut machen. Sind Wind und Seegang sehr schwer, so segle man nach der Ostseite der Andamanen und verfahre, wie wenn man von der Ostseite des Golfes käme. Vom 1. bis 25. Juli wird man wohl stets östlich von den Andamanen nach Süden gehen müssen; man suche den Preparis-Nordkanal auf einem Schlage anzulaufen. Nach dem 15. August kommen im oberen Golf schon östliche und südöstliche Winde vor. Man segle oder kreuze nach der Falschen-Huk hinüber und kreuze von der Küste bis Vizagapatam. Von da aus segle man auf St.-B.-Halsen, wenn es geht in 89° O-Lg. aus dem Golf. Im September lasse man sich nicht in die Mitte des Golfes locken. Man arbeite in der Nähe des Landes bis Vizagapatam und segle von da aus auf St.-B.-Halsen. Im Oktober halte man sich zwar auf der Westseite des Golfes, aber nicht zu dicht unter Land; bei den ersten Anzeichen von schlechtem Wetter suche man Seeraum zu gewinnen. Von 18° N-Br. und 87° O-Lg. kann man noch mühelos aus dem Golf segeln. Von Madras und südlicheren Häfen segle man auf St.-B.-Halsen aus dem Golf. Von Penang arbeite man an der Nordküste Sumatras nach Westen und dann wie von Rangoon weiter.

In der Nähe der Passatgrenze kann es richtig sein, in der Erwartung, daß der Wind bald nach links holen werde, schon auf B-B.-Halsen zu gehen, wenn man damit auch kaum Süd gutmacht; ist man aber noch weit von der Passat-Grenze, so ist immer der Kurs der richtigste, der am meisten Süd bringt.

c. Durch den Südost-Passat und weiter. Wenn der Passat erreicht ist, steuere man zunächst so südlich, wie man unter voller Ausnutzung der Segelfähigkeit des Schiffes kann, und wenn man frischen Passat bekommt, verfahre man nach 20 b, c und d.

d. Mittlere Reisedauer.

Von Rangoon, Moulmein oder Bassein:

Abfahrtszeit:	Febr.	März	April	Mai/Juni	Juli/Aug.	Nov./Dez./Jan.
Tage bis zur Linie	13.5	16.4	21.0	26.1	21.0	14.0
„ „ 40° O-Lg.	44.2	48.8	51.4	54.7	49.0	42.9
„ „ Lizard	120.0	132.0	139.0	141.0	121.0	125.0

Von Akyab, Chittagong oder Calcutta:

Abfahrtszeit:	Febr.	März	April	Mai/Juni
Tage bis zur Linie	17.7	22.1	29.6	28.8
„ „ 40° O-Lg.	49.9	35.2	60.0	61.2
„ „ Lizard	124.0	137.0	—	145.0

22. Von Ceylon oder vom Arabischen Meere nach dem Kap der Guten Hoffnung.

gibt es zwei Wege, einen östlichen, von der Ostseite des Arabischen Meeres durch das Gebiet des West-Monsuns nach Südosten, dann im Passat und südlich von Madagaskar entlang nach Südwesten, und einen westlichen Weg durch den Mozambique-Kanal.

a. **Von Ceylon oder von Südhindustan** nehme man zu jeder Zeit den östlichen Weg. Näheres darüber vgl. 22 b.

b. **Von Bombay von Mitte oder Ende Januar bis gegen Mitte November.** Man nehme den östlichen Weg. Wenn Nordost-Monsun weht, steuere man in mäßiger Entfernung von der Westküste Hindustans nach Süden und hole auf dem weiteren Wege etwas Ost an, um raumschots durch den Südost-Passat segeln zu können. Die Linie überschreite man in der Nähe von 80° O-Lg., 5° S-Br. noch etwas östlicher; der weitere Weg fällt dann mit den Wegen 21 und 20 zusammen. Wenn Südwest-Monsun weht, warte man eine gute Gelegenheit zum Ausgehen ab, bei der man zunächst guten Abstand vom Lande gewinnen kann. Dann wird man gewöhnlich auf St-B.-Halsen von der Westküste von Hindustan nach Süden segeln können und weiterhin so östlich gedrängt werden, daß man später raumschots in die Wege 21 und 20 segeln kann; auf diesen segle man dann weiter.

c. **Von Bombay von November bis Januar.** Man steuere die Linie in etwa 48° O-Lg. an, im November etwas östlich, im Januar etwas westlich vom kürzesten Wege. Von der Linie steuere man nach der Westseite von Groß-Comoro und nach 24a weiter.

d. **Vom Golf von Persien.** Vom 1. November bis 14. Februar nehme man den westlichen Weg, halte sich nicht zu nahe an der arabischen, aber etwas näher als von Bombay aus an der Somali-Küste. Von Ende Februar bis Anfang Oktober nehme man den östlichen Weg. Auf diesem segle man im März nach der Durchfahrt zwischen den Lakediven und den Malediven, in den übrigen Monaten, namentlich bei steifem SW-Monsun, segle man östlich von den Lakediven nach Süden und auf dem Wege von Bombay (22 b) weiter.

e. **Vom Golf von Aden.** Von November bis März segle man um Kap Guardafui nach der Westseite von Groß-Comoro und nach 24 a weiter. Von April bis Oktober segle man nördlich von Sokotra entlang und entweder durch den 1½°- oder durch den Äquatorial-Kanal nach der Ostseite der Chagos-Inseln und von dort nach Süden. Ist der Südwest-Monsun sehr steif, so segle man durch den 8°-Kanal. Reisedauer nicht bekannt. „Kiandra" hat von Cochin bis Kap Agulhas 61 Tage gebraucht.

23. Von den Seychellen, von Mauritius oder Réunion oder von der Ostküste Madagaskars nach dem Kap der Guten Hoffnung.

a. **Von den Seychellen** kann man östlich von Madagaskar nach Süden steuern, man kann aber auch westlich von Kap Amber in den Mozambique-Kanal und vor der afrikanischen Küste nach Süden steuern.

Wenn man die Reise im Dezember und vor Ende März antritt, verspricht der östliche Weg die schnellsten Reisen. Man sollte von Anfang an nur danach streben, Süd gutzumachen. Der Südost-Passat pflegt in dieser Zeit vor der Ostküste Madagaskars so raum zu sein, daß man dort, ohne viel nach Westen gedrängt zu werden, auf B.-B.-Halsen nach Süden segeln kann. Bei Unterbrechungen des Südost-Passates (namentlich im März) hat man Gelegenheit Ost anzuholen, wenn es zweckmäßig erscheint. Dieser östliche Weg führt aber durch die Orkangegend; will man diese meiden, so kann man auch den westlichen Weg einschlagen und sollte dann zunächst hauptsächlich danach streben, über 10° S-Br. und in den westlichen Strom zu kommen.

Wenn man die Reise im April antritt, ist es am zweckmäßigsten, sich von den gerade herrschenden Verhältnissen leiten zu lassen. Kann man gleich anfangs Süd und Ost anholen, so nehme man, namentlich in der ersten Hälfte April, den östlichen Weg; kann man anfangs bequem nach Süden und Westen kommen, so nehme man, namentlich in der zweiten Hälfte April, den westlichen Weg.

Den westlichen Weg nehme man stets von Mai bis November. Man segle zunächst auf St-B.-Halsen, bis der Wind rw. Süd oder etwas östlicher geworden ist, und mache dann einen langen Schlag auf B.-B.-Halsen hinüber nach dem Wege der Schiffe, die von Zanzibar nach Süden wollen (24 a). Im Juni, Juli und August halte man gut Luv. Gegen Ende November bleibe man bei südlichem und, wenn man 10° S-Br. nach Süden hin überschritten hat, selbst bei südsüdwestlichem Winde auf B-B.-Halsen. Es kommt dann nur noch darauf an, die südlichen Strömungen und nördlichen Winde unter der afrikanischen Küste zu erfassen. Diesen Weg kann man auch noch in der ersten Hälfte Dezember nehmen, wenn man gleich anfangs östliche Winde hat.

 b. Von der Ostküste Madagaskars segelt man im Sommer ohne besondere Schwierigkeiten nach Süden, wenn man Gelegenheiten, Abstand von der Küste zu gewinnen, wahrnimmt. Im Winter muß man jede Gelegenheit zu einem Schlagbuge auf St-B.-Halsen ausnutzen.

 c. Von Mauritius oder Réunion vgl. 20b usw. Reisedauer bis 20° O-Lg. in Tagen: Von Port Louis 24 im Juni, 18 im Januar, 23 im August (3 Reisen); von Port Mahé 37 im April, 43 im März (2 Reisen).

24. Von Ostafrika oder von der Westküste Madagaskars nach dem Kap der Guten Hoffnung.

 a. Von Zanzibar oder benachbarten Orten. Im Südwest-Monsun mache man zunächst einen langen Schlag auf St-B.-Halsen; dabei wird man finden, daß der nördliche Strom schwächer und der Wind östlicher wird. Man wende aber nicht zu zeitig; im April, September und Oktober wird man bis über 40 oder 45° O-Lg., von Mitte Mai bis Mitte August bis über 48° O-Lg. hinaus auf St-B.-Halsen ostwärts segeln müssen. Beim Aufkreuzen nach Süden sollte 43 oder besser 44° O-Lg. im Norden von 10° S-Br. und 42° O-Lg. im Norden von 11½° S-Br. nicht nach Westen hin überschritten werden.

 Im Nordost-Monsun von November bis Februar empfiehlt es sich, des Stromes wegen zunächst gut von der Küste ab und erst in 9 bis 10° S-Br. wieder unter die Küste zu steuern.

 Zu jeder Jahreszeit gehe man von etwa 12° S-Br. bis nach Kap Agulhas vor der afrikanischen Küste entlang. In den Entfernungen 20 bis 80 Sm hat man den meisten Strom mit; in diesen Entfernungen kreuze man bei widrigen Winden, die nördlich von 20° S-Br. von Februar bis Oktober und zwischen 20 und 25° S-Br. im März und April zu erwarten sind.

 b. Von anderen Häfen an der Ostküste Afrikas gilt 24a sinngemäß.

 c. Von der Westküste Madagaskars strebe man so schnell, wie dienlich erscheint, in den Weg 24a zu kommen.

  d. Mittlere Reisedauer bis nach 30° S-Br.

	Febr.	März	April/Juli	Aug./Okt.	Nov./Dez.
Tage von Zanzibar	22	30	33	26	15½
	Dez./Jan./Febr.		April/Mai/Juni	Juli/Aug.	Sept./Okt./Nov.
Tage von Nossi Bé	16		19	15	19
	Sept./März		Mai/Juni/Juli		
Tage von Mozambique	9		15		

Abschnitt IV.
Dampferreisen.
1. Durch den Suez-Kanal und das Rote Meer.
Allgemeines.

Der Suez-Kanal wurde am 20. November 1869 eröffnet und durch internationales Übereinkommen vom 24. Oktober 1887 für neutral erklärt. Er kann daher zu jeder Zeit, im Kriege wie im Frieden, von Kriegs- und Handelsschiffen jeder Nation befahren werden. Er reicht von Port-Said bis nach Suez und ist im ganzen etwa 87 Sm lang. Schiffe von 8.84 m Tiefgang dürfen jetzt, und vom 1. Januar 1915 an bis zu 9.14 m Tiefgang den Kanal befahren. (Näheres siehe Segelhandbuch für das Rote Meer und den Golf von Aden 1906 und Nachträge.)

Von Suez nach Aden und zurück.

Starke Dampfer auf der Ausreise. Durch den Golf von Suez nehmen starke Dampfer im allgemeinen den kürzesten Weg, soweit es die Fahrwasserverhältnisse gestatten. Sobald sie von den Untiefen der Suezbucht frei sind, steuern sie längs der Westseite des Golfes von Suez nach Süden, wobei sie aber zunächst das Safarana-Riff sorgfältig meiden müssen, und weiterhin die von der gegenüberliegenden Seite weit in den Golf hineinreichenden Scheratib-Bänke sowie die mitten im Golf etwa 20 Sm südöstlich von Ras Gharibe liegende Moresby-Untiefe, auf der die Wassertiefe nur 5.5 m beträgt.

Das hohe Land der Seité-Berge bildet gute Landmarken für die Ansteuerung der Djubal-Straße. Aschrafi-Leuchtturm sollte man 1 bis 2 Sm an St.-B. lassen. Weiter südlich ist das blinde Riff Schab Abu Nahas zu meiden, das vor dem Nordende der Insel Schadwan liegt.

Während der Fahrt im Golf von Suez ist darauf zu achten, daß man den Schiffsort möglichst bei jeder Gelegenheit durch Peilungen bestimmt, um Versetzungen durch die Tidenströme festzustellen.

Durch das Rote Meer.

Nach Passieren der Schadwan-Insel setzt man den Kurs so, daß man die Brüder (The brothers) 3 bis 4 Sm an St.-B. läßt; 100 Sm weiter in derselben Richtung liegt das Dädalus-Riff, das man in geringem Abstande an beiden Seiten passieren kann. Von hier aus kann man nach Djebel Tair, eine Strecke von etwa 656 Sm, auf geradem Kurs im Hauptfahrwasser weiter steuern. Djebel Tair und die Sebajir-Inseln läßt man an B-B. Nach dem Passieren der Mittelgipfel-Insel (Centre Peak Island) in westlichem Abstande von etwa 1 Sm, steuert man von dort geraden Kurs so, daß er etwa 5½ Sm westlich von der Anocet-Klippe vorbei und nach der Abu Ail-Durchfahrt führt. Man muß in dieser Gegend besonders darauf achten, daß man nicht durch Querstrom auf die genannte Klippe gesetzt wird. Von der Mitte der Abu Ail-Durchfahrt steuert man Mocha an, das man wegen der vorgelagerten Untiefen in 6 bis 7 Sm Abstand passieren sollte. Von dwars von Mocha steuert man dann die Insel Perim an.

Durch die Straße Bab el-Mandeb

bildet die kleine Straße zwischen Perim und Ras Bab el-Mandeb den gewöhnlichen und auch kürzesten Schiffahrtsweg. Da sie gut befeuert ist, kann sie bei gehöriger Vorsicht am Tage wie bei Nacht befahren werden. Auch hier sollte man nicht vergessen, daß bei der Fahrt durch die Straße dort sehr starke Strömungen bis

fast 2 Sm in der Stunde vorkommen, die in der Zeit des Südwest-Monsuns, von
Juni bis September nach SO, in der Zeit des Nordost-Monsuns von November bis
April nach NW setzen.

Durch den Golf von Aden.

Auf der Weiterfahrt, wenn man aus der Straße von Bab el-Mandeb heraus
ist, steuert man dann auf dem kürzesten Wege nach Aden unter sorgfältiger Vermeidung des flachen Wassers vor der Küste zwischen Ras el-Ara und Ras Ka-u.

Starke Dampfer auf der Heimreise. Der Weg für starke Dampfer ist
umgekehrt, wie für die Ausreise beschrieben. Es braucht hier nur noch einmal
auf Vorsicht gegen seitliche Versetzungen durch Querstrom im Roten Meer hingewiesen zu werden.

Schwache Dampfer auf der Ausreise. Im Südwest-Monsun, also
während der Sommermonate, nehmen schwache Dampfer denselben Weg durch das
Rote Meer wie starke, ebenso durch den Golf von Aden.

Im Nordost-Monsun oder während der Wintermonate, wenn im südlichen
Teile des Roten Meeres starke südöstliche Winde vorherrschen, können schwache
Dampfer mit Vorteil das Massaua-Fahrwasser innerhalb der Daalac-Bank benutzen.
Als Ansteuerungsmarke für dieses Fahrwasser dient der Nordhügel (North Bluff)
in etwa 17° 20′ N-Br. Längs der Küste südwärts steuernd halte man sich in
2 bis 4 Sm Abstand vom Lande und bleibe innerhalb der Stelle mit felsigem Grund,
die 7 bis 10 Sm nordwestlich von der Gannet-Bank liegt. Diese lasse man an
B-B., ebenso die Insel Difneïn, auf der sich ein Leuchtfeuer befindet. Dann nehme
man den Weg durch das Massaua-Nordfahrwasser und lasse die Schumma-Insel
ebenfalls an B-B. Nach dem Passieren von Schumma halte man sich so nahe unter
der Küste, wie es die Sicherheit des Schiffes und die seemännische Vorsicht
zulassen. In der Nähe der Assab-Bucht tut man gut, die Küste Afrikas zu verlassen und nördlich von der Fieramosca-Bank nach der arabischen Seite, in der
Nähe des Si-Hügels, hinüberzubiegen. Von dort fällt der Weg durch die Straße
Bab el-Mandeb und weiter nach Aden mit dem bereits beschriebenen für starke
Dampfer zusammen.

Schwache Dampfer auf der Heimreise nehmen im allgemeinen denselben
Weg wie starke. Bei starken nördlichen Winden im südlichen Teil des Roten Meeres,
die allerdings selten vorkommen, können sie auch das Massaua-Fahrwasser benutzen;
ebenso empfiehlt es sich nach dem Passieren der Farsan-Bank bei starken nördlichen Winden die arabische Küste zu halten, da man dort schwächeren Wind und
Seegang findet als in der Mitte des Roten Meeres.

2. Von Aden nach Häfen im nördlichen Teil des Arabischen Meeres und zurück.

Ausreisen.

Fahrten von Aden nach Bombay, Karátshi, Maskat und nach dem Persischen
Golf werden in allen Jahreszeiten stets auf dem kürzesten Wege gemacht. Die
Entfernungen betragen: Nach Bombay 1650 Sm, nach Karátshi 1465 Sm, nach Maskat
1200 Sm und nach Basra 1970 Sm.

Rückreisen.

Nordost-Monsun. In dieser Zeit werden Fahrten von Bombay, Karátshi,
Maskat und dem Persischen Golf stets auf den kürzesten Wegen nach Aden ausgeführt.

Südwest-Monsun. Von Bombay im Juni, Juli und August, wenn der Südwest-Monsun am kräftigsten und oft stürmisch weht, halten sich westwärts steuernde
Dampfer ungefähr auf dem Breitenparallel von Bombay und steuern, wenn sie sich
der arabischen Küste auf ungefähr 100 Sm genähert haben, unter Vermeidung einer
zu großen Annäherung in einem Abstand von 20 bis 30 Sm an dieser entlang.
Dieser Weg ist etwa 1680 Sm lang. Dampfer mit geringer Maschinenkraft würden
vielleicht gut tun, wenn sie westlich von den Lakkediven nach Süden bis etwa
9° N-Br. steuern, wo der Wind schwächer und die See ruhiger wird. Von hier läuft man
dann bis ungefähr 7° N-Br. und 60° O-Lg. nach Westen und steuert dann allmählich

nördlicher auf Ras Hafun oder Kap Guardafui zu. Hierbei muß beachtet werden, daß 53° O-Lg. nicht nördlicher als in 10° N-Br. geschnitten wird. Ist man dazu zu weit nach Norden gedrängt, so ist es ratsamer, den Weg nördlich um Sokotra zu nehmen, um den starken Strom und die dadurch hervorgerufene schwere Kreuzsee zu vermeiden. (Näheres hierüber siehe unter 4. Von Aden nach der Malakkastraße und zurück.)

Von Karátshi, Maskat und dem Persischen Golf werden die Rückreisen stets auf dem kürzesten Wege gemacht.

3. Von Aden nach Colombo und weiter nach Häfen im Golf von Bengalen und zurück.

Ausreisen.

Nordost-Monsun. Reisen von West nach Ost in der Zeit von Oktober bis April werden immer auf dem kürzesten Wege gemacht. Es wird meistens der Weg südlich von Sokotra oder zwischen der Insel Abd-el-Kuri und Kap Guardafui durch eingeschlagen. Zu dieser Zeit pflegen die Strömungen schwach zu sein, und man hat im Süden von Sokotra Schutz gegen Wind und Seegang. Auf diesem Wege schneidet man 55° O-Lg. in etwa 11½° N-Br. und nimmt von hier den kürzesten Weg durch den 8°-Kanal nach Colombo. Man kann auch von Aden nördlich von Sokotra und auf dem kürzesten Wege entlang steuern.

Südwest-Monsun. Im Südwest-Monsun, von Mai bis Oktober, sollte auf Reisen von West nach Ost nur der Weg Nord um Sokotra genommen werden und nicht der südliche Weg, weil der meistens sehr starke südwestliche bis südsüdwestliche Wind und die dadurch stark nach Norden setzende Strömung (vgl. Strömungen in einz. Meeresteilen Seite 27) die Schiffe oft in gefährliche Nähe der Südküste von Sokotra und der davor liegenden Inseln und Riffe bringen. Dazu kommt noch das häufig sehr diesige und unsichtige Wetter gerade in dieser Gegend zur Zeit des Südwest-Monsuns. Auf dem Wege Nord um Sokotra wird 55° O-Lg. in etwa 12°45′ N-Br. geschnitten und dann der kürzeste Weg nach Colombo eingeschlagen.

Die Weiterfahrt nach Häfen im Golf von Bengalen erfolgt in beiden Monsunen auf den Loxodromen.

Rückreisen.

Nordost-Monsun. Reisen von Ost nach West werden jetzt immer auf dem kürzesten Wege durch den 8°-Kanal und nordöstlich von Sokotra entlang gemacht.

Südwest-Monsun. Im Mai, wenn der Südwest-Monsun erst einsetzt und nur erst im nordwestlichen Teil des Arabischen Meeres stetig weht, sonst aber noch schwach und unbeständig ist, wird noch der Weg durch den 8°-Kanal und nördlich von Sokotra vorgezogen, wenigstens bis Mitte Mai. Schiffe, die nach dem 15. Mai frischen Südwest-Monsun antreffen, schlagen häufig auch schon einen südlicheren Weg ein. In den Monaten Juni, Juli und August jedoch, wenn der Südwest-Monsun seine volle Stärke entfaltet und namentlich im Arabischen Meer stark und mitunter selbst stürmisch weht, werden sogar von kräftigeren Dampfern südlichere Wege eingeschlagen.

Rückreisen von Häfen im Golf von Bengalen werden bis Colombo in beiden Monsunen auf den kürzesten Wegen ausgeführt, jedoch ist sehr schwachen Dampfern zu empfehlen, von Bassein, Rangoon oder Moulmein im Osten unter dem Schutz der Andamanen bis ungefähr 10° N-Br. nach Süden zu steuern, bis der Wind schwächer und die See ruhiger wird; erst von hier aus sollten sie geradenwegs nach Colombo steuern. Dieser Weg ist von Bassein etwa 90 Sm, von Rangoon etwa 60 Sm und von Moulmein etwa 10 Sm länger, als der direkte.

4. Von Aden nach der Malakka-Straße und zurück.

Zur Ermittlung der vorteilhaftesten Wege sind die meteorologischen Tagebücher von etwa 150 Dampfern zu Rate gezogen worden. Die Reisen sind in Gruppen eingeteilt worden, nach Monsunen und nach den Monaten, in denen die Schiffe bei Dondra Head waren. Als schnelle Dampfer im Sinne dieser Beschreibung sind solche angenommen, die eine stündliche Fahrt von 12 Sm und mehr aufweisen; alle anderen gelten als schwächere oder gewöhnliche Dampfer.

Bei der Berechnung ist, um Durchschnittswerte zu erzielen, folgendermaßen verfahren worden:

Für jeden Monat ist für eine Anzahl Dampfer die durchschnittliche Fahrt, die Durchschnittsdistanz und die im Durchschnitt verlorene oder gewonnene Zeit berechnet; z. B. sind im Januar auf Reisen von Ost nach West von 10 Dampfern zusammen 24 820 Sm, also von einem Dampfer durchschnittlich 2482 Sm zurückgelegt worden; sie liefen in der Stunde zusammen 129 Sm, d. h. 12.9 Sm im Durchschnitt. An Zeit wurden von 10 Dampfern 23 Stunden, also 2.3 Stunden durchschnittlich gewonnen. Bei einer stündlichen Fahrt von 12.9 Sm = 29.67 Sm auf einer Distanz von 2482 Sm ergibt dies 1.2 % Gewinn. So sind die folgenden Tabellen entstanden.

Ausreisen von West nach Ost.

Im Nordost-Monsun sind die Reisen durch Wind und Strom verzögert, und zwar

	im Nov.	5 Reisen um	1.0 %	durchschnittlich,	
	„ Dez.	8 „ „	5.1 %	„	
	„ Jan.	8 „ „	6.2 %	„	
	„ Febr.	7 „ „	5.6 %	„	
	„ März	7 „ „	4.2 %	„	
	„ April	4 „ „	0.0 %	„	dagegen sind

im Südwest-Monsun die Reisen durch Wind und Strom gefördert, und zwar

im Mai	3 Reisen um	3.2 %	durchschnittlich,
„ Juni	4 „ „	6.0 %	„
„ Juli	6 „ „	4.0 %	„
„ Aug.	5 „ „	3.6 %	„
„ Sept.	5 „ „	1.9 %	„
„ Okt.	11 „ „	2.3 %	„

Rückreisen von Ost nach West.

Im Nordost-Monsun sind die Reisen durch Wind und Strom im allgemeinen gefördert, und zwar auf dem direkten Wege

im Nov.	8 Reisen um	3.5 %	durchschnittlich,
„ Dez.	10 „ „	3.2 %	„
„ Jan.	10 „ „	1.2 %	„
„ Febr.	10 „ „	2.5 %	„
„ März	10 „ „	2.3 %	„
„ April	8 „ „	− 0.4 %	„

Im April haben die Reisen durchschnittlich also schon eine kleine Verzögerung erlitten.

Im Südwest-Monsun sind die Reisen durch Wind und Strom verzögert, und zwar durchschnittlich

	auf dem direkten Wege		auf südlichen Wegen	
im Mai	4 Reisen um	2.3 %,	1 Reise um	2.5 %,
„ Juni	1 Reise „	28.9 %,	3 Reisen „	15.0 %,
„ Juli	4 Reisen „	17.0 %,	9 „ „	12.0 %,
„ Aug.	1 Reise „	11.6 %,	4 „ „	7.7 %,
„ Sept.	3 Reisen „	8.7 %,	1 Reise „	7.9 %,
„ Okt.	4 „ „	0.0 %,	0 „	0.0 %.

Auf südlichen Wegen sind geschnitten worden:

	O-Lg.:	80°	70°	60°	55°
im Mai	in N-Br.:	2.0	1.5	3.0	7.0
„ Juni	„ „	1.5	2.0	4.0	7.5
„ Juli	„ „	1.0	1.0	1.0	4.0
„ Aug.	„ „	1.5	2.0	4.0	5.0

„ Sept.: Dieses Schiff ist durch den Kardiva-Kanal gegangen.

Von Westen nach Osten.

Im Nordost-Monsun sollten die Reisen bis Colombo stets auf dem kürzesten Wege bei Minikoi entlang, oder wenn Colombo nicht angelaufen wird, durch den 8°-Kanal nach der Südspitze Ceylons gemacht werden. Von da wird der kürzeste Weg nach Pulo Bras genommen. Im kräftigsten Nordost-Monsun, im Dezember, Januar und Februar, würde nach dem Vorstehenden ein 11 Knoten-Dampfer durch Wind und Seegang und Strömung etwa 2.4 Sm auf jeder Wache einbüßen und bis Colombo etwa 2.8 Wachen mehr brauchen, gleichwohl darf man sich durch Abweichen vom kürzesten Wege keinen besonderen Vorteil versprechen. Ganz schwachen Dampfern wird empfohlen, bis Ras Fortak vor der arabischen Küste zu bleiben und von da aus nach Minikoi zu steuern; Erfahrungen von diesem Wege liegen aber nicht vor.

Im Südwest-Monsun sollten die Reisen stets an der Nordseite von Sokotra entlang auf dem kürzesten Wege gemacht werden. Gewöhnliche Dampfer, denen der oft ziemlich südliche Wind im westlichen Teile des Arabischen Meeres zu steif wird, sollten erst Süd gut machen, wenn sie 65° O-Lg. überschritten haben und der Wind handlicher geworden ist. Ein 11 Knoten-Dampfer wird auf der Reise bis Pulo Bras durchschnittlich statt 71 nur etwa 68 Wachen brauchen.

Von Osten nach Westen.

Im Nordost-Monsun wird von allen Dampfern der kürzeste Weg genommen.

Im Südwest-Monsun sollten selbst verhältnismäßig kräftige Dampfer auf einem südlichen Umwege den ungünstigsten Verhältnissen aus dem Wege gehen. Das Wesentlichste darüber ist schon auf der Vorderseite der betreffenden Monatskarten unter der Überschrift: „Winde, Strömungen und Schiffswege" (oben links) gesagt, hier möge an einem Beispiele die Wirkung des Südwest-Monsuns auf die Reisen nach Westen gezeigt werden.

Von zwei annähernd gleichartigen Dampfern, die beide bei ruhigem Wetter 42 Sm auf einer Wache zurücklegen, verließ der eine Colombo am 2. Juni und brauchte auf dem kürzesten Wege nördlich von Sokotra entlang bis Suez nicht 13 Tage und 13 Stunden, wie er bei seiner vollen Fahrt gebraucht haben würde, sondern 18 Tage und 11 Stunden; ein siebenstündiger Aufenthalt in Perim ist in dieser Zahl nicht eingerechnet. Der andere Dampfer verließ Colombo 1 Tag später, am 3. Juni, steuerte sehr südlich und durch den 1½°-Kanal. Er schnitt ferner 60° O-Lg. in 3° N-Br., 53° O-Lg. in 5° N-Br., von wo er nach Ras Hafun aufbog. Er hatte damit einen Umweg von etwa 250 Sm gemacht, erreichte aber Suez in 15 Tagen und 20 Stunden, hatte dem Mitsegler, der den nächsten Weg eingeschlagen hatte, also 2 Tage und 15 Stunden abgewonnen.

So große Unterschiede ergeben sich zwar nicht immer, indessen kann man rechnen, daß gewöhnliche Dampfer auf dem kürzesten Wege gegen den Südwest-Monsun im Juni, Juli und August etwa 26%, auf gut südlichen Umwegen dagegen durchschnittlich nur 16% Zeit verlieren, die Maschine weniger anstrengen und entsprechend weniger Kohle brauchen.

Von Pulo Bras nach Aden. Braucht man auf diesem Wege nirgends anzulaufen, so sollte man von Pulo Bras südwestlich steuern, bis man in leichte Winde kommt, und sollte zwischen etwa 2° N-Br. und der Linie durch den 1½°-Kanal oder durch den Äquatorial-Kanal nach Westen laufen und weiterhin verfahren, wie auf der Vorderseite der Karten und für Reisen von Colombo usw. angegeben ist.

Die Ansteuerung der afrikanischen Küste ist bei dem meisten unsichtigen und stürmischen Wetter mit hohem Seegange und bei der Unsicherheit der Versetzungen, die schon 120 Sm in einem Etmal erreicht haben, außerordentlich schwer. Einen Anhalt bietet die Farbe des Wassers, die gewöhnlich in der Nähe des Landes in ein dunkles Grün übergeht. Auch die Wassertemperatur, die in der Nähe des Landes rasch zu fallen pflegt, bietet einigen Anhalt, Sicherheit gewährt aber nur das Lot. Die Gründe reichen durchschnittlich 12 Sm weit, vor Ras Hafun sogar etwa 30 Sm weit vom Lande, und wenn man sich auf etwa 65 m Wasser gelotet hat und auf dieser Tiefe nordwärts steuert bis man auf tiefes Wasser kommt, so ist man an Kap Guardafui vorbei und kann westlich steuern. Erwähnt werden mag, daß Ras Hafun 885 m, Kap Guardafui 240 m hoch ist.

Strömungen usw. vgl. die Karten, wie auch unter Strömungen Seite 28.

5. Von Aden nach der Sunda-Straße und zurück.

Ausreisen.

Nordost-Monsun. Dieser Weg schließt sich dem von Aden nach Colombo an. Nachdem die Südspitze von Ceylon passiert ist, steuere man auf dem kürzesten Wege nach der Sunda-Straße. Wird Colombo nicht angelaufen, so empfiehlt sich der direkte Weg. Man steuert zwischen Kap Guardafui und der Insel Abd el-Kuri durch und dann auf dem kürzesten Wege durch den $1\frac{1}{2}°$-Kanal nach der Sunda-Straße. Die Entfernung beträgt auf beiden Wegen 3755 Sm.

Südwest-Monsun. In der Zeit des Südwest-Monsuns steuere man nur nördlich von Sokotra entlang in den Weg nach der Südspitze von Ceylon und von hier aus auf dem kürzesten Wege weiter nach der Sunda-Straße.

Rückreisen.

Nordost-Monsun. Von der Sunda-Straße nehme man stets den kürzesten Weg unter Dondra Head entlang und biege dann in den Weg von Colombo nach Aden ein.

Südwest-Monsun. Schnelle und kräftige Dampfer nehmen denselben Weg, nur umgekehrt wie auf der Ausreise, im Südwest-Monsun. Soll jedoch Colombo nicht angelaufen werden, so ist schwachen Dampfern ein Weg zu empfehlen, der anfangs auf ziemlich westlichem Kurse nach 2° S-Br. oder 4° S-Br. in 70° O-Lg. führt und dann allmählich nach Kap Guardafui aufbiegt.

Die Entfernung auf diesem Wege beträgt etwa 125 bis 225 Sm mehr, als die für kräftige Dampfer. Der Vorteil des südlicheren Weges liegt darin, daß man in niedrigen Breiten bessere Witterungsverhältnisse und oft Windstillen antrifft, so daß die Fahrt günstig beeinflußt und Schiff und Maschine weniger angestrengt wird.

Gewöhnliche Dampfer können auch durch den $1\frac{1}{2}°$-Kanal oder durch den Äquatorial-Kanal und wie auf dem Wege Nr. 4 nach Kap Guardafui weiter steuern.

6. Von Kap Guardafui nach Australien und zurück.

Diese Reisen werden stets auf dem kürzesten Wege gemacht, doch steuert man je nach Umständen östlich oder westlich von den Chagos-Inseln entlang. Ausreisen nach Australien sind auf diesem Wege allerdings selten, weil die meisten Schiffe Colombo anlaufen oder ihre Ausreise um das Kap der Guten Hoffnung machen, auf Rückreisen wird er aber häufig eingeschlagen.

Einfluß des Windes und des Seeganges und der Strömung. Um diesen Einfluß festzustellen, wurden über 100 meteorologische Tagebücher mit solchen Reisen durchgearbeitet. Dabei zeigte sich aber sehr bald, daß auf vielen Schiffen der gegißte Einfluß von Wind, Seegang und Strömung so in das Besteck hineingerechnet wird, daß sich aus den meteorologischen Tagebüchern gar nicht erkennen läßt, welche Beträge dafür eingesetzt worden sind. Diese, für Windtrift usw. in das Besteck hineingerechneten Beträge sind offenbar manchmal falsch, denn sonst würden sich z. B. in starkem SO-Passat keine südöstlichen Versetzungen ergeben; aber mögen die in das Besteck hineingerechneten Beträge richtig oder falsch sein, der Einfluß von Wind, Seegang und Strömungen läßt sich, wenn überhaupt gegißte Beträge, ohne sie erkennbar zu machen, verrechnet worden sind, aus Vergleichen der Schiffsorte nach astronomischen Beobachtungen mit den Schiffsorten nach dem Besteck später nur mehr feststellen.

Um aber dennoch zu einem brauchbaren Ergebnisse zu gelangen, wurde der ganze Weg zwischen Kap Guardafui (11° 50' N-Br. in 51° 21' O-Lg.) und Kap Leeuwin (34° 35' S-Br. in 115° 9' O-Lg.) in eine nördliche oder Monsunstrecke und in eine südliche oder Passatstrecke zerlegt; dann wurden aus den Abfahrts- und Ankunftszeiten die Durchschnittsgeschwindigkeiten über den Grund auf diesen

Strecken berechnet. Der Vergleich dieser Durchschnittsgeschwindigkeiten läßt die Gesamtwirkung von Wind, Seegang und Strömung erkennen; allerdings nur mit Vorbehalt, d. h. soweit nicht aus irgendwelchen, nicht erkennbaren Gründen mit mehr oder weniger Kraft als gewöhnlich gefahren worden ist. War dies erkennbar, so wurden entsprechende Beträge in Rechnung gestellt; es ist aber nicht immer erkennbar. Außerdem konnten aber auch andere, dauernde Änderungen der Durchschnittsfahrt, bedingt durch Güte der Kohlen, Tiefgang des Schiffes, Schmutz an den Schiffsböden usw., natürlich nicht ausgeschaltet oder in Rechnung gesetzt werden. Die folgenden Werte mögen daher im einzelnen unsicher sein, in ihrer Gesamtheit ergeben sie aber ein recht gutes Bild des Einflusses von Winden, Seegang und Strömungen; sie sind von sieben ziemlich gleichartigen 11 Knoten-Dampfern zusammengestellt.

	Reiseantritt	Ganze Strecke 4610 Sm	Durchschn. Fahrt über den Grund	Monsunstrecke 1860 Sm	Windrichtung	stärke	Durchschn. Fahrt über den Grund	Passatstrecke 2750 Sm	Windrichtg.	stärke	Durchschn. Fahrt über den Grund
		Tag Std. Min.	Kn	Tag Std. Min.			Kn	Tag Std. Min.			Kn
				Ausreisen							
1.	Juli	18 10 30	10.4	6 15 45	SW	8—4	11.6	11 18 45	SO	6—8	9.7
2.	September	18 23 20	10.1	6 19 0	SW	8—3	11.4	12 4 40	SO	6—3	9.5
3.	Oktober	18 23 40	10.1	6 10 20	W	4—5	12.0	12 12 50	SO	6—4	9.1
4.	Oktober	18 21 0	10.2	6 6 45	SO—SW	2—3	12.3	12 14 15	SO	5—4	9.1
5.	Oktober	19 4 0	10.0	6 14 0	S	2	11.8	12 14 0	SO	5—3	9.1
6.	Oktober	19 0 30	10.1	6 17 50	ONO und WSW	3	11.5	12 6 40	SO	5—3	9.3
	Mittel	18 21 50	10.2	6 13 57			11.8	12 1 52			9.3
				Rückreisen							
7.	Dezember	17 2 35	11.2	6 15 5	W—NO	2—4	11.7	10 11 30	SO	3—4	10.9
8.	Januar	17 4 10	11.2	6 15 30	NW—NO	4—3	11.7	12 12 40	SO	4	10.9
9.	März	17 11 40	11.0	6 6 40	NO	2—3	12.3	11 5 0	SO	7—4	10.2
10.	März	17 0 5	11.3	6 12 5	NO	2—3	11.9	10 12 0	SO	3—4	10.9
11.	Juni	17 23 10	10.7	7 8 30	WSW	4—6	10.5	10 14 40	SO	3—4	10.9
12.	August	18 0 0	10.7	7 9 0	SW	4—5	10.5	10 15 0	SO	4—3	10.8
	Mittel	17 10 57	11.0	6 19 8			11.4	10 15 48			10.8

1. D. 19270, „Pommern", 2182 RT. brutto. 7. D. 17936, „Hessen", 5099 RT. brutto.
2. „ 17775, „Bielefeld", 4460 „   „   8. „ 18093, „Schlesien", 5536 „   „
3. „ 17936, „Hessen", 5099 „   „   9. „ 18268, „Schwaben", 5098 „   „
4. „ 17913, „Hanau", 4213 „   „   10. „ 16660, „Schwaben", 5098 „   „
5. „ 19681, „Worms", 4426 „   „   11. „ 18781, „Hessen", 5099 „   „
6. „ 19690, „Schlesien", 5536 „   „   12. „ 17329, „Schlesien", 5536 „   „

Monsunstrecke. Im ruhigen Wetter dieser Strecke ergeben sich auf den Ausreisen gegen die Rückreisen nur geringe Unterschiede der Fahrt über den Grund, durchschnittlich 11.8 gegen 11.4 Kn. Am schnellsten kommen die Schiffe zur Zeit der Monsunwechsel, d. h. in den ruhigsten Monaten und in der Richtung über den Grund, in der sie vom vorhergegangenen Monsun noch mitlaufende Strömung haben, im Oktober auf östlichen, im März auf westlichen Kursen. Am wenigsten schnell ist die Durchschnittsfahrt auf der Monsunstrecke auf Rückreisen im SüdwestMonsun, wiewohl die Schiffe Wind und Seegang ziemlich raum haben. Vielleicht ist die Beeinträchtigung der Fahrt vorwiegend eine Wirkung des Seeganges.

Passatstrecke. Wirkung des Seeganges tritt auf dieser Strecke deutlich hervor. Daß die mittlere Fahrt über den Grund auf Ausreisen gegen den SüdostPassat mit 9.3 Kn 1½ Kn geringer ist als die Fahrt vor dem Winde auf Rückreisen, wird nicht weiter auffallen; auffallend ist aber, daß die Durchschnittsfahrt vor dem Winde im Passat mit 10.8 Kn um fast 1 Kn unter der Durchschnittsfahrt auf der Monsunstrecke bleibt.

Einfluß des Seeganges auf die Fahrt von Dampfern. Auf der Monsunstrecke beträgt das Mittel der Durchschnittsfahrt 11.8 Kn auf Ausreisen und 11.4 Kn auf Rückreisen, und nimmt man, um die Strömung ganz auszuschalten, das Mittel aus diesen Werten, 11 6 Kn, so ergibt das ein Mehr von 0.8 Kn gegen die Fahrt vor dem Winde im Südost-Passat. Will man nicht annehmen, daß auf dieser

Strecke, und zwar gleichmäßig auf allen Schiffen, wenn sie vor Wind und Seegang laufen, der Kohlenverbrauch eingeschränkt wird, so bleibt nichts übrig, als die geringere Fahrt der Wirkung des unruhigeren Wassers im Passat zuzuschreiben. Daß diese Wirkung bei Wind, Seegang und Strömung von vorn über 2 Kn beträgt, scheint weniger erstaunlich, als daß sie, wenn Wind, Seegang und Strömung mitlaufen, noch fast 1 Kn erreicht.

Gewiß sind diese aus nur wenigen Reisen errechneten Werte nicht ganz einwandfrei, da aber nicht angenommen werden kann, daß man allgemein im Südost-Passat vor dem Winde Kohlen gespart hat, so geht daraus hervor, daß der Einfluß von hohem Wasser auf die Fahrt von Dampfern größer ist, als allgemein angenommen wird.

7. Von Aden nach Ost- und Südafrika und zurück.

Zwischen Kap Guardafui und Kap Delgado richten sich diese Reisen nach den Monsunen.

Nordost-Monsun.

Ausreisen. Im November, Dezember, Januar, Februar, März und auch noch im April werden die Reisen nach Süden von Kap Guardafui an in geringer Entfernung von der Küste gemacht, wo man den meisten günstigen Strom hat.

Rückreisen machen kräftige Dampfer von Südafrika aus in dieser Zeit außerhalb des kräftigsten Stromes in 80 bis 100 Sm Entfernung von den vorspringenden Küstenpunkten. Weiter nördlich, auch von Zanzibar aus, schneiden sie die Linie in etwa $47\frac{1}{2}°$ O-Lg., 10° N-Br. in etwa $52\frac{1}{2}°$ O-Lg. und biegen dann auf Kap Guardafui zu. Auf diesem Wege wird der starke Nordost-Monsunstrom unter der Küste ohne zu großen Umweg vermieden. Schwache Dampfer sollten in dieser Jahreszeit noch weiter im Osten, etwa in der Mitte oder gar östlich von der Mitte des Mozambique-Kanals nordwärts steuern und erst auf Kap Guardafui zu biegen, wenn sie es in eine nordwestliche Peilung, etwa quer zum südwestlichen Strom vor der Küste, gebracht haben.

Südwest-Monsun.

Ausreisen. Wenn im Mai Südwest-Monsun durchkommt, laufe man auf einem südsüdöstlichen Kurse quer durch die nordöstliche Strömung und halte sich auf dem Wege nach Süden etwa 100 Sm von der Küste. Will man nach Zanzibar, so biege man von 2 oder 3° S-Br. darauf zu; will man nach dem Süden, so laufe man erst von Kap Delgado an dichter vor der Küste entlang südwärts. Noch weiter, etwa 150 Sm von der Somali-Küste entfernt, halte man sich in den übrigen Südwest-Monsunmonaten, im Juni, Juli und September. Aber südlich von Kap Delgado bleibe man auch in dieser Zeit im südwestlichen Strom vor der Küste. Im Oktober nimmt man am besten noch denselben Weg.

Rückreisen. Kräftige Dampfer laufen von Südafrika aus in 80 oder 100 Sm Entfernung von den vorspringenden Küstenpunkten nordwärts, halten sich aber von Kap Delgado an im starken nordöstlichen Strom dicht unter Land. Schwache Dampfer tun gut, sich im Mozambique-Kanal nahebei in dessen Mitte zu halten, sollten aber nördlich von 9 oder 10° N-Br. ebenfalls dicht unter der Küste entlang nordwärts steuern, auch noch im Oktober. Schwachen Dampfern wird empfohlen, auch die betreffenden Seglerwege Nr. 2 und Nr. 4 nachzulesen.

8. Von Kapstadt oder benachbarten Häfen nach dem Arabischen Meere und zurück.

Nordost-Monsun.

Ausreisen werden auf demselben Wege gemacht wie die Rückreisen unter Nr. 7 nach Kap Guardafui; nur biegt man von den Comoren oder von 10° N-Br. in 54° O-Lg. geradenwegs auf seinen Bestimmungsort zu. Auf Rückreisen steuere man geradenwegs nach etwa 2° N-Br. in 50° O.-Lg. und dann auf den unter Nr. 7

beschriebenen Wegen für Ausreisen weiter. Man macht damit von der Ostseite des Arabischen Meeres aus einen Umweg von etwa 75 Sm, hat dafür aber soviel mehr mitlaufende Strömung, daß sich der Umweg lohnt.

Südwest-Monsun.

Ausreisen. Man laufe auf den unter Nr. 7 für Rückreisen von Südafrika empfohlenen Wegen nach etwa 2° N-Br. in 50° O-Lg. und schlage von hier den kürzesten Weg nach seinem Bestimmungsorte ein. Um auf Rückreisen den starken Monsun und die starke Strömung in der Nähe der Somali-Küste zu vermeiden, sollte man sowohl vom Persischen Golf wie von der Hindustan-Küste aus an der Westseite oder gar an der Ostseite der Lakkediven entlang südlich steuern, bis man in ruhiges Wetter kommt. Hat man, was spätestens auf etwa 4° N-Br. der Fall zu sein pflegt, schwächeren Wind und ruhigere See erreicht, so steuere man auf dem kürzesten Wege nach Kap Delgado und von da auf dem unter Nr. 7 beschriebenen Wege weiter. Der Umweg auf diesem Wege beträgt von Bombay aus durchschnittlich 175 Sm. Große und starke Dampfer können ihn unter Umständen etwas abkürzen, schwache Dampfer dagegen sollten wenigstens in der eigentlichen Monsunzeit die viel ruhigere Ostseite des Arabischen Meeres nicht verlassen, ehe sie gut südlich stehen. Aber selbst gegen Ende des Südwest-Monsuns ist für langsame Schiffe auf dem kürzeren Wege quer über das Arabische Meer und vor der Somali-Küste noch kein Vorteil zu erwarten, weil die nordöstliche Strömung noch eine Zeitlang besteht, wenn auch der Südwest-Monsun schon seine Kraft verloren oder ganz aufgehört hat.

Schwachen Dampfern wird empfohlen, auch die betreffenden Seglerwege Nr. 6 und Nr. 22 nachzulesen.

9. Von Kapstadt oder benachbarten Häfen nach Colombo oder dem Golf von Bengalen und zurück.

Ausreisen.

Schnelle und kräftige Dampfer können zwar stets den kürzesten Weg an der Südseite von Madagaskar vorbei und von da geradenwegs nach Colombo oder Point de Galle nehmen, werden sich aber wahrscheinlich besser stehen, wenn sie nach den Angaben in Nr. 7 durch den Mozambique-Kanal nordwärts steuern und von Kap Amber aus durch den 1½°-Kanal nach Colombo oder Point de Galle laufen. Dieser Weg Nord um Madagaskar ist nur etwa 75 Sm länger als der kürzeste Weg Süd um Madagaskar. Der Weg Süd um Madagaskar sollte im allgemeinen nur genommen werden, wenn man Réunion oder Mauritius oder Diego Garcia anlaufen muß. In solchem Falle sollte man aber nicht dicht bei Fort Dauphin, der Südostspitze Madagaskars entlang steuern, sondern südlich von etwa 30° S-Br. ostwärts laufen, bis man die anzusteuernde Insel etwa nordöstlich oder noch etwas nördlicher von sich hat; dann erst sollte man darauf zubiegen. Müssen schwache Dampfer eine der bezeichneten Inseln anlaufen, so wird es sich für sie lohnen, nicht früher in das Passatgebiet hinein zu steuern, als bis sie die anzulaufende Insel fast nordnordöstlich von sich haben. Und auf der Weiterreise von Mauritius oder Réunion sollten sie bis etwa 10° S-Br. vorwiegend nach Norden laufen, um schnell durch den Südost-Passat und die westliche Strömung dort zu kommen. Sind Passat und Strömung schwächer geworden, so können auch schwache Dampfer geradenwegs nach Colombo oder Point de Galle steuern.

Auf dem Wege durch den Mozambique-Kanal werden schwache Dampfer immer Vorteil haben; sie sollten von Kap Amber bis nach etwa 5° S-Br. einen ziemlich nördlichen Kurs steuern und nordöstlicher biegen, wenn sie aus der westlichen Passatströmung in die östliche Monsuntrift gekommen sind.

Von Point de Galle nach Häfen im Golf von Bengalen wird immer der geradeste Weg genommen.

Rückreisen

werden im allgemeinen auf den kürzesten Wegen gemacht, von denen man auch nicht wesentlich abweicht, wenn unterwegs Diego Garcia oder eine der Maskarenen (Mauritius oder Réunion oder Rodriguez) angelaufen werden muß. Die afrikanische Küste sollte man, wenn sie nicht schon weiter nördlich angesteuert werden muß, spätestens in der Nachbarschaft von East London anlaufen. Schwache Dampfer, die im Südwest-Monsun aus dem Golf von Bengalen kommen, sollten sich nicht abmühen, dort schon West gut zu machen, sondern sollten nach Süden steuern, bis Wind und Seegang soweit abgenommen haben, daß sie ihren Kurs nach der Südostseite von Madagaskar gemächlich aufnehmen können.

Schwachen Dampfern wird empfohlen, auch die Angaben im Seglerweg Nr. 21b nachzulesen.

10. Vom Kap der Guten Hoffnung nach Java und zurück.
Ausreisen.

Der kürzeste Weg führt durch die Sunda-Straße und läuft über die folgenden Schnittpunkte:

O-Lg.	S-Br.	O-Lg.	S-Br.	O-Lg.	S-Br.
18.5°	34.5°	50.0°	32.5°	90.0°	16.6°
20.0	34.9	60.0	29.9	100.0	10.4
30.0	34.8	70.0	26.4	105.2	6.7
40.0	34.1	80.0	22.0		

Dieser Weg zwischen dem Kap der Guten Hoffnung und der Sunda-Straße ist 5016 Sm lang. Er führt aber fast durchweg gegen westliche oder südwestliche Strömungen und im Sommer von etwa 40° O-Lg., im Winter von etwa 65° O-Lg. an gegen östliche Winde. Dadurch würden selbst kräftige Dampfer zurückgehalten werden; man würde z. B. die Zeit, die ein 12 Kn-Dampfer auf diesem Wege brauchen würde, mit 109 Wachen oder mehr, statt mit 104$^1/_2$ Wachen ansetzen müssen.

Um diesen ungünstigen Strömungen und Winden zu entgehen, muß man im Westwindgebiet eine größere, ostwärts gerichtete Strecke, im Südost-Passat eine kleinere, vor allem aber ziemlich nördlich gerichtete Strecke zurücklegen, doch darf der Umweg nicht so groß werden, daß er die Vorteile wieder aufhebt.

Durchschnittlich muß man auf der Mitte oder der östlichen Hälfte des Indischen Ozeans im Norden von 30° S-Br. auf westliche Strömungen und östliche Winde rechnen und sollte diese Breite daher erst soweit östlich überschreiten, daß man den weiteren Weg unter günstigen Verhältnissen zurücklegen kann, auch wenn der Südost-Passat sehr steif oder nördlich von rw. Ost ist. Günstige Verhältnisse wird man aber im allgemeinen haben, wenn man 30° S-Br. erst in 80° O-Lg. überschreitet. Man nehme den Weg über 30° S-Br. in 80° O-Lg. nach der Sunda-Straße über die folgenden Schnittpunkte:

O-Lg.	S-Br.	O-Lg.	S-Br.	O-Lg.	S-Br.	O-Lg.	S-Br.
18.5°	34.5°	40.0°	36.8°	70.0°	33.2°	100.0°	12.5°
20.0	34.9	50.0	36.4	80.0	30.0	105.2	6.7
30.0	36.2	60.0	35.2	90.0	22.2		

Dieser Weg ist 5076 Sm lang, also nur 60 Sm länger als der kürzeste, und ein gewöhnlicher Frachtdampfer kann darauf rechnen, ihn fast mit seiner Durchschnittsfahrt zurücklegen zu können. Ein 12 Kn-Dampfer würde daher 106 bis 107 Wachen brauchen.

Schwache Dampfer sollten sich im südlichen Winter, von Mai bis Ende September, höchstens durch ganz außergewöhnliche Verhältnisse verleiten lassen, 30° S-Br. schon westlich von 80° O-Lg. zu überschreiten, weil sie dann steifen Passat sehr schral haben würden; dagegen kann man ohne Bedenken 30° S-Br. erst östlich von 80° O-Lg. überschreiten, wenn man in 70 bis 80° O-Lg. nördliche Winde hat und auf einem ziemlich nördlichen Kurse nicht gut vorwärts kommen würde. Überschreitet man z. B. 80° O-Lg. in 35° S-Br. (vgl. den Weg nach der Bali-Straße) und dann 30° S-Br. in etwa 87° O-Lg., so macht man gegen den Weg über 30° S-Br. in 80° O-Lg. einen Umweg von 100 Sm. Ob sich bei starken nördlichen Winden in dieser Gegend ein Umweg nach Osten lohnt, muß an Bord nach den besonderen Umständen entschieden werden. Er lohnt sich zweifellos, wenn man sich der Sunda-Straße in einer gegebenen Zeit auf dem östlichen Kurse (wegen der besseren Fahrt) um ebensoviel nähert, wie auf dem direkten Kurse (mit weniger Fahrt).

Der Weg nach der Bali-Straße. Was im Vorstehenden über den kürzesten Weg nach der Sunda-Straße angeführt worden ist, gilt auch vom kürzesten Wege nach der Bali-Straße, deshalb muß auch nach der Bali-Straße ein Weg eingeschlagen werden, der 30° S-Br. weit genug östlich überschreitet. Entsprechend der östlicheren Lage der Bali-Straße kommt man zu den folgenden Schnittpunkten:

O-Lg.	S-Br.	O-Lg.	S-Br.	O-Lg.	S-Br.
18.5°	34.5°	50.0°	39.0°	90.0°	31.6°
20.0	34.9	60.0	38.5	100.0	27.0
30.0	37.2	70.0	37.8	110.0	15.0
40.0	38.5	80.0	35.0	114.7	8.8

Die Entfernung vom Kap der Guten Hoffnung bis zur Bali-Straße beträgt auf diesem Wege 5491 Sm. Auch von diesem Wege gilt, was soeben über westlicheres oder östlicheres Überschreiten von 30° S-Br. angeführt worden ist.

Ob man durch die Sunda-Straße oder durch die Bali-Straße gehen soll, wird sich in den meisten Fällen der geringeren Entfernung wegen zugunsten der Sunda-Straße entscheiden.

Es betragen nämlich die Entfernungen auf dem Wege durch die Sunda-Straße:

Vom Kap der Guten Hoffnung nach 80° O-Lg. in 30° S-Br. 3086 Sm
von 30° S-Br. in 80° O-Lg. nach der Sunda-Straße 1990 „
von der Sunda-Straße (Java Head) nach Soerabaja .... 508 „
vom Kap der Guten Hoffnung durch die Sunda-Straße
nach Soerabaja .... 5584 Sm

Dagegen auf dem Wege durch die Bali-Straße:
Vom Kap der Guten Hoffnung nach 80° O-Lg. in 35° S-Br. 2985 Sm
von 80° O-Lg. nach der Bali-Straße.................. 2506 „
von der Bali-Straße (Blambangan) nach Soerabaja..... 176 „
vom Kap der Guten Hoffnung durch die Bali-Straße nach
Soerabaja .... 5667 Sm

Da Soerabaja im Osten Javas liegt, so erhellt ohne weiteres, daß nach allen Java-Häfen der Weg durch die Sunda-Straße am vorteilhaftesten ist und daß der Weg durch die Bali-Straße nur bei Bestimmung nach östlichen Häfen in Frage kommt, wenn man zu einem sehr östlichen Schnittpunkte von 30° S-Br. gedrängt worden ist.

Die zu überschläglichen Rechnungen in Betracht kommenden Entfernungen durch die Straßen und in der Java-See sind: Java Head—Batavia 120, Batavia—Soerabaja 388, Soerabaja—Blambangan (SO-Huk Javas) 176 Sm.

Wird die Reise nach Java von Durban oder von einem nördlicheren Hafen angetreten, so kommt auch der Weg Nord um Madagaskar in Frage.

Nach dem wenigen Material, das der Deutschen Seewarte darüber zugegangen ist (vgl. Ann. d. Hydr. 1911 S. 396), hat sich der Weg Nord um Madagaskar von Durban aus allerdings nicht bewährt. Danach würde das betreffende Schiff zur Reise nach der Sunda-Straße auf dem südlichen Wege über 30° S-Br. in 80° O-Lg. etwa fünf Wachen und sogar noch auf dem kürzesten Wege, gegen den Passat an, etwa zwei Wachen weniger gebraucht haben, als auf dem Wege Nord um Madagaskar; hält man aber dagegen, daß nach dem Vergleich der Monsunstrecke mit der Passatstrecke auf den Wegen nach und von Australien die Schiffe im ruhigen Wetter der Monsunsstrecke 1½ Knoten mehr gelaufen haben, als im bewegteren Wasser der Passatstrecke (vgl. Nr. 6), so erscheint es doch nicht unwahrscheinlich, daß auf Reisen auf dem Wege Nord um Madagaskar auch von Durban aus durchschnittlich nicht mehr, wenn nicht gar weniger Zeit und Kohlen gebraucht werden würden, als auf dem südlichen Wege. Jedenfalls sollte man von einem nördlicheren Hafen als Durban, wenn nicht gerade starke nordöstliche Winde beim Antritt der Reise den südlichen Weg empfehlenswert machen, den Weg nach der

Sunda-Straße ohne Bedenken Nord um Madagaskar nehmen. Auf diesem Wege muß man von Kap Amber aus solange ziemlich nördlich steuern, wie man noch westliche Strömung hat; man sollte im Januar erst in 6°, im August gar erst in 5° S-Br. entschieden ostwärts steuern.

Rückreisen.

Der kürzeste Weg führt durch die Sunda-Straße. Von dieser aus schlage man den größten Kreis ein, der sich in 29° S-Br. und 45° O-Lg. mit dem Winterwege der von Australien kommenden Schiffe vereinigt (vgl. Nr. 12) und durch die folgenden Schnittpunkte führt:

O-Lg.	S-Br.	O-Lg.	S-Br.	O-Lg.	S-Br.	O-Lg.	S-Br.
105.2°	6.7°	90.0°	14.7°	70.0°	23.1°	50.0°	28.3°
100.0	9.6	80.0	19.3	60.0	26.0	45.0	29.0

Dieser Bogen des größten Kreises ist 3642 Sm lang. Von 45° O-Lg. in 29° S-Br. steuere man entweder auf dem Kurse rw. 266° 730 Sm nach Durban oder rw. 255° 900 Sm nach der Küste bei East London und dann vor der Küste weiter etwa 500 Sm bis zum Kap der Guten Hoffnung.

Dieser Weg ist zwar einige Seemeilen länger, als der kürzeste zwischen der Sunda-Straße und dem Kap der Guten Hoffnung, er hat dafür aber den Vorteil, daß man die Strömung auf der Westseite des Ozeans und namentlich auch die Agulhas-Strömung vor der Küste von Südostafrika so gut wie möglich ausnutzt.

Von starken wie von schwachen Dampfern kann dieser Weg zu jeder Jahreszeit befahren werden; er führt im südlichen Sommer allerdings durch das Gebiet der Mauritius-Orkane, doch läßt sich das nicht umgehen. Über das Verhalten beim Herannahen eines Orkans finden sich Angaben in Nr. 12 „Gemeinschaftliche Dampferwege zwischen Südafrika und Australien".

Daß der Weg durch die Bali-Straße länger, als der durch die Sunda-Straße sein würde und auch sonst keine Vorteile bietet, ergibt sich ohne weiteres aus den Angaben für die Ausreisen. Vgl. auch die betreffenden Seglerwege Nr. 19 und 20.

11. Von Durban nach Japan oder Sibirien und zurück.
Ausreisen.

Diese Reisen können auf sehr verschiedenen Wegen gemacht werden (vgl. hierzu Ann. d. Hydr. 1911, S. 585), auf welchem sie zu machen sind, entscheidet sich hauptsächlich durch die Frage, ob oder wo unterwegs Kohlen genommen werden sollen.

Wenn unterwegs keine Kohlen genommen zu werden brauchen, so sollte man nur (bei Pulo Bras vorbei) durch die Malakka-Straße oder durch die Sunda-Straße gehen, und zwar sollte man nach der Malakka-Straße immer Nord um Madagaskar, nach der Sunda-Straße auf dem unter Nr. 10 gegebenen Wege über 30° S-Br. in 80° O-Lg. laufen.

Wird die Reise von Mitte Dezember bis Ende Mai angetreten, so gehe man stets Nord um Madagaskar und durch die Malakka-Straße. Bis Ende Februar halte man sich im Mozambique-Kanal gut östlich, steuere von Kap Amber, solange man westliche Strömung hat, bis etwa 6° S-Br. ziemlich nördlich; man biege dann östlich, überschreite die Linie aber erst östlich von etwa 85° O-Lg.

Von März bis Mai kann man durch den Mozambique-Kanal schon einen ziemlich geraden Weg nach Kap Amber einschlagen. Von diesem Kap steuere man ziemlich nördlich, bis man in etwa 5° S-Br. östlichen Strom bekommt und nun den kürzesten Weg nach Pulo Bras nehmen kann.

Wird die Reise von Juni bis Mitte Dezember angetreten, so dürfte im allgemeinen auch der Weg Nord um Madagaskar und durch die Malakka-Straße vorzuziehen sein. Auf diesem Wege sollte man von Kap Amber aus erst vorwiegend Ost gut machen, wenn man östlichen Strom erfaßt hat. In dieser Zeit kann man aber auch unbedenklich den südlichen Weg über 30° S-Br. in 80° O-Lg. nach der Sunda-Straße nehmen, wenn man beim Antritt der Reise auf nördlichen Kursen mühsam gegen starke nördliche Winde dampfen müßte.

Wenn unterwegs ein Kohlenhafen, Sabang, Singapore, Labuan oder Pulo Laut angelaufen werden muß.

Nach Sabang oder Singapore nehme man den Weg Nord um Madagaskar und durch die Malakka-Straße.

Nach Labuan führt der beste Weg durch die Sunda-Straße. Dahin laufe man über 30° S-Br. in 80° O-Lg. (vgl. auch Nr. 10).

Nach Pulo Laut kommen nur die Wege durch die Sunda-Straße oder durch die Bali- oder die Lombok-Straße in Betracht. Im südlichen Winter, wo man schon in verhältnismäßig niedrigen Breiten nach Osten laufen kann, nehme man den Weg über 30° S-Br. in 80° O-Lg. nach der Sunda-Straße. Im südlichen Sommer, oder wenn man bis 34 oder 35° S-Br. nach Süden gehen muß, ehe man mit guter Gelegenheit nach Osten laufen kann, nehme man den Weg über 30° S-Br. in 90° O-Lg. nach der Bali- oder der Lombok-Straße. Trifft man auf diesem Wege vorzeitig südöstlichen Wind, so nehme man unbedenklich den Weg durch die Sunda-Straße, steht man für diesen Weg schon zu östlich, so laufe man nach Norden, bis der Wind abgeflaut hat, und steuere an der Südseite Javas ostwärts. Ob man durch die Bali- oder durch die Lombok-Straße gehen soll, hängt bei jeder Reise von den besonderen Umständen ab, von Versetzungen, Rücksicht auf die Befeuerung usw.

Von der Malakka- oder der Sunda-Straße durch das Südchinesische Meer und weiter nehme man die Wege, die in die betreffende Monatskarte hineingezeichnet sind; empfohlen wird auch, namentlich schwachen Dampfern, die Angaben des Seglerweges Nr. 10 sinngemäß zu berücksichtigen.

Von Pulo Laut laufe man durch die Makassar-Straße weiter. Weiterhin laufe man quer über die Celebes-See nach Kap St. Augustin und an der Ostseite der Philippinen nordwärts. Dieser Weg, auf dem man viel freien Seeraum hat, empfiehlt sich namentlich in der Zeit des häufigen Vorkommens von Orkanen (s. a. Taifune in ostasiat. Gewässern). Ein anderer Weg führt von der Makassar-Straße durch den Sibutu-Paß in die Sulu-See, dort nach Norden und durch die Mindoro-Straße weiter in das Südchinesische Meer, wo man dann an der Westseite von Luzon nordwärts steuert. Dieser Weg ist etwa 30 Sm kürzer, als der um die Ostseite der Philippinen, aber er führt durch enge Gewässer und wird daher nur für die verhältnismäßig orkanfreie, die Nordost-Monsunzeit, empfohlen.

Rückreisen

werden immer auf dem kürzesten Wege durch das Südchinesische Meer und durch die Sunda-Straße gemacht. Mit Ausnahme des Südwest-Monsuns im Südchinesischen Meer hat man auf diesem Wege durchweg günstige Wind- und Stromverhältnisse.

Muß ein Kohlenhafen angelaufen werden, so sollte man Labuan oder Singapore wählen und durch die Sunda-Straße weiter fahren. Der Weg über Sabang ist allerdings nur etwa 20 Sm länger, als der über Singapore und durch die Sunda-Straße, und in der Nordost-Monsunzeit des Golfs von Bengalen ist der Weg über Sabang deshalb nur um diesen Betrag unvorteilhafter; in der Südwest-Monsunzeit sollte er aber lieber nicht genommen werden. Pulo Laut liegt als Kohlenhafen auf Rückreisen unvorteilhaft. Muß man gleichwohl dort anlaufen, so nimmt man durch die ostasiatischen Gewässer die Wege umgekehrt wie auf Ausreisen. Von Pulo Laut läuft man durch die Bali-Straße in den Indischen Ozean.

Auf dem Indischen Ozean schlägt man die kürzesten Wege ein (vgl. Nr. 10).

12. Gemeinschaftliche Dampferwege zwischen Südafrika und Australien.

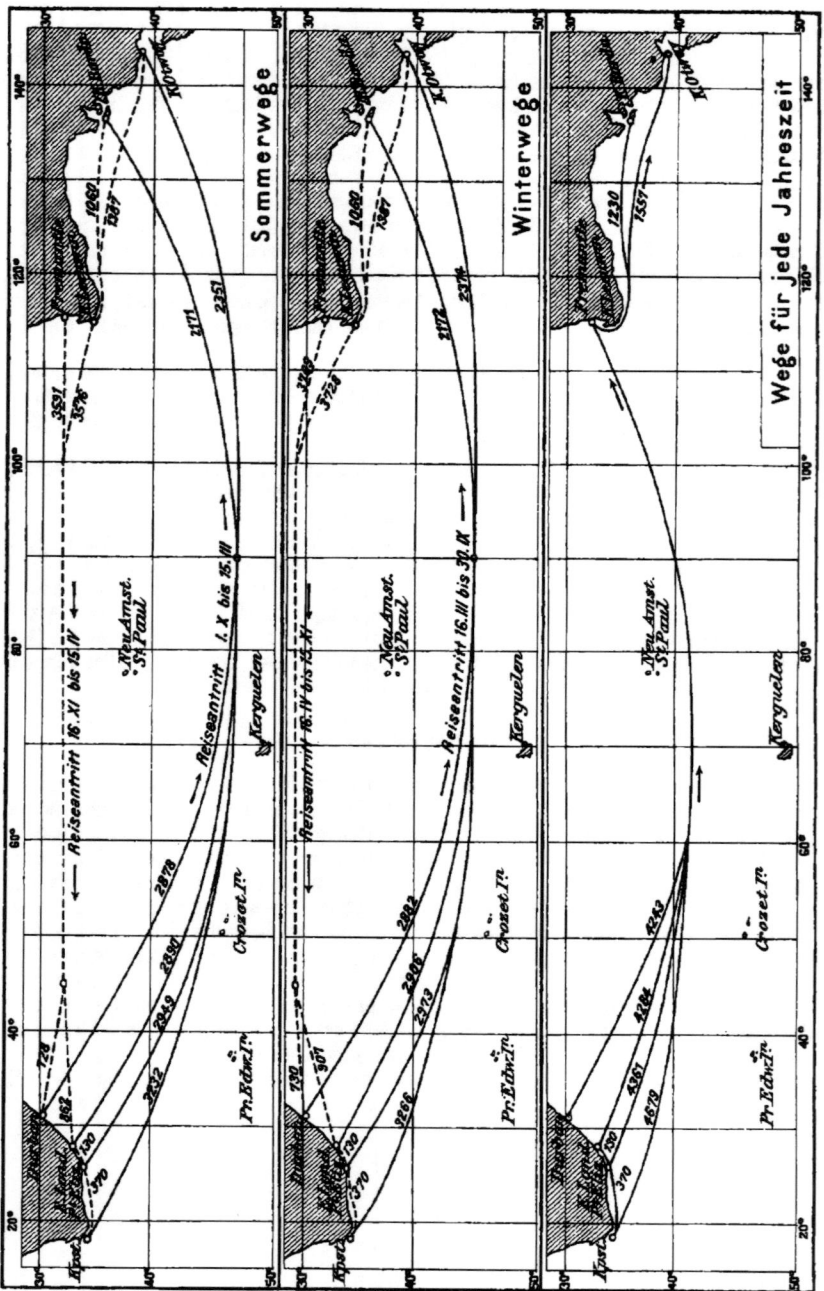

In demselben Sinne, in dem die vereinbarten Wege zwischen Europa und Nordamerika festgelegt sind und große Reedereien ihren Dampfern im Atlantischen Ozean bestimmte Wege vorgeschrieben haben (vgl. die mit N-D-L oder H-A-L bezeichneten Wege auf den Monatskarten für den Nordatlantischen Ozean), sind die großen Gesellschaften bestrebt, auch in anderen Ozeanen sowohl ihren Schiffen bestimmte Wege vorzuschreiben, als auch mit anderen Gesellschaften über diese Wege Vereinbarungen zu treffen.

So hat für den südlichen Indischen Ozean die Deutsch-Australische Dampfschiffs-Gesellschaft, nachdem sie den Rat der Deutschen Seewarte darüber eingeholt hatte, schon im August des Jahres 1908 ihren Dampfern bestimmte Wege vom Kap der Guten Hoffnung oder von der Algoa-Bucht nach Kap Borda oder Kap Otway und von East London nach Fremantle vorgeschrieben. Von einigen englischen Reedereien wurden darauf gemeinschaftliche Wege nach Australien (eigentlich Tasmanien) vereinbart, die indessen nicht mit den deutschen Wegen zusammenfallen (vgl. Ann. d. Hydr. usw. 1909, S. 122, oder N. f. S. 2311/09). Dann wurde im Februar 1911 der Deutschen Dampfschiffahrts-Gesellschaft „Hansa" auf ihre Anfrage von der Deutschen Seewarte empfohlen, die Wege einzuhalten, die von den Dampfern der Deutsch-Australischen Dampfschiffs-Gesellschaft eingehalten werden. Für die Deutsche Dampfschiffahrts-Gesellschaft „Hansa" kam der neue Vorschlag hinzu, ihre Wege nach Fremantle sowohl vom Kap der Guten Hoffnung oder von Port Elizabeth wie auch von Durban aus sich in 60° O-Lg. mit dem größten Kreise von East London nach Fremantle, dem Wege der Dampfer der Deutsch-Australischen Dampfschiffs-Gesellschaft, vereinigen zu lassen, um ohne nennenswerte Umwege von 60° O-Lg. an in einem wenig befahrenen Teile des Indischen Ozeans einen gemeinsamen Weg zu haben. Diese Vorschläge (vgl. Ann. d. Hydr. usw. 1911, S. 155) sind von der Deutschen Dampfschiffahrts-Gesellschaft „Hansa" auch angenommen worden.

Im Jahre 1913 trat auch der Norddeutsche Lloyd mit der Frage nach den besten Wegen für seine Frachtdampfer zwischen Südafrika und Australien an die Deutsche Seewarte heran, und zwar nicht nur für Reisen von Afrika nach Australien, sondern zum ersten Male auch für Reisen von Australien nach Südafrika. Für die Wege nach Australien konnte im allgemeinen auf die Wege der Deutsch-Australischen Dampfschiffs-Gesellschaft und der Deutschen Dampfschiffahrts-Gesellschaft „Hansa" hingewiesen werden, im besonderen kam aber für den Norddeutschen Lloyd noch ein neuer Weg, nämlich der Weg von Durban nach Kap Otway oder Kap Borda in Frage.

Geht man bei dieser Frage davon aus, daß möglichst gemeinschaftliche Wege eingehalten werden sollen, so würde es diesem Zwecke entsprechen, die Wege von Durban nach Kap Otway oder Kap Borda mit denen vom Kap der Guten Hoffnung oder von der Algoa-Bucht schon auf 50° O-Lg. zusammenlaufen zu lassen. Damit würde aber, ohne daß wesentliche navigatorische Vorteile gewonnen würden, der Gemeinschaftlichkeit auf jeder Reise von Durban ein Opfer von 40 bis 50 Sm gebracht werden. Ob sich das lohne und namentlich im Hinblick auf die allgemeinere Einführung der drahtlosen Telegraphie zweckmäßig sei, konnte nicht wohl von der Deutschen Seewarte beantwortet, sondern mußte den beteiligten Reedereien zu entscheiden überlassen werden. Diese, d. h. zunächst der Norddeutsche Lloyd und die Deutsche Dampfschiffahrts-Gesellschaft „Hansa", haben sich dann dafür entschieden, von Durban nach Kap Otway oder Kap Borda die kürzesten Wege (aber im Sommer nicht südlicher als in 47° S-Br., im Winter nicht südlicher als in 45° S-Br.) zu nehmen. Damit ergibt sich von selbst, daß auch von East London aus nach Kap Borda oder Kap Otway die kürzesten Wege (aber im Sommer nicht südlicher als in 47° S-Br., im Winter nicht südlicher als in 45° S-Br.) genommen werden sollten. Die übrigen Wege nach Australien sind auch vom Norddeutschen Lloyd so angenommen worden, wie sie die Deutsche Seewarte vorgeschlagen hat.

Im folgenden sind die Schnittpunkte und Entfernungen auf allen diesen Wegen zusammengestellt. Daß beim Einhalten dieser Wege auf die besonderen Umstände, namentlich auf Wind und Seegang, Rücksicht genommen werden muß, darf als bekannt vorausgesetzt werden.

In der Zeichnung sind die Wege nach Australien voll ausgezogen, die Wege von Australien gestrichelt.

a. Sommerwege nach Kap Borda oder Kap Otway.
Reiseantritt: 1. X. bis 15. III.

Westlicher Teil bis 90° O-Lg. in 47° S-Br. Schnittpunkte					Östlicher Teil von 90° O-Lg. in 47° S-Br. Schnittpunkte		
	Vom Kap der Guten Hoffnung	Von der Algoa-Bucht	Von East London	Von Durban		Nach Kap Borda	Nach Kap Otway
	Abfahrtspunkt 34° 30′ S-Br. u. 18° 29′ O-Lg.	Abfahrtspunkt 34° 2′ S-Br. u. 25° 45′ O-Lg.	Abfahrtspunkt 33° 2′ S-Br. u. 28° 0′ O-Lg.	Abfahrtspunkt 29° 58′ S-Br. u. 31° 4′ O-Lg.		Ankunftspunkt 35° 40′ S-Br. u. 136° 35′ O-Lg.	Ankunftspunkt 39° 0′ S-Br. u. 143° 30′ O-Lg.
O-Lg.	S-Br.	S-Br.	S-Br.	S-Br.	O-Lg.	S-Br.	S-Br.
20°	35.3°				90°	47.0°	47.0°
25	37.5				95	46.8	47.0
30	39.5	36.5°	34.2°		100	46.4	47.0
35	41.3	39.0	36.9	32.4°	105	45.8	47.0
40	42.5	41.2	39.3	35.3	110	45.0	46.8
45	43.6	43.0	41.2	37.8	115	43.9	46.3
50	44.5	S-Br. 44.5	42.7	39.9	120	42.5	45.6
55		45.5°	44.1	41.7	125	40.8	44.7
60		46.3	45.2	43.2	130	38.8	43.6
65		46.8	46.0	44.5	135	36.5	42.1
70		47.0	46.5	45.4	140		40.4
75		47.0	46.8	46.2	136° 35′	35° 40′	
80		47.0	47.0	46.7	143° 30′		39° 0′
85		47.0	47.0	46.9			
90		47.0	47.0	47.0			
Entfernungen in Seemeilen					Entfernungen in Seemeilen		
	3282	2949	2890	2878		2171	2351

b. Winterwege nach Kap Borda oder Kap Otway.
Reiseantritt: 16. III. bis 30. IX.

Westlicher Teil bis 90° O-Lg. in 45° S-Br. Schnittpunkte					Östlicher Teil von 90° O-Lg. in 45° S-Br. Schnittpunkte		
	Vom Kap der Guten Hoffnung	Von der Algoa-Bucht	Von East London	Von Durban		Nach Kap Borda	Nach Kap Otway
	Abfahrtspunkt 34° 30′ S-Br. u. 18° 29′ O-Lg.	Abfahrtspunkt 34° 2′ S-Br. u. 25° 45′ O-Lg.	Abfahrtspunkt 33° 2′ S-Br. u. 28° 0′ O-Lg.	Abfahrtspunkt 29° 58′ S-Br. u. 31° 4′ O-Lg.		Ankunftspunkt 34° 40′ S-Br. u. 136° 35′ O-Lg.	Ankunftspunkt 39° 0′ S-Br. u. 143° 30′ O-Lg.
O-Lg.	S-Br.	S-Br.	S-Br.	S-Br.	O-Lg.	S-Br.	S-Br.
20°	35.2°				90°	45.0°	
25	37.8				95	45.0	
30	39.1	36.3°	34.1°		100	44.8°	45.0°
35	40.6	38.7	36.5	32.2°	105	44.3	45.0
40	41.8	40.5	38.5	34.8	110	43.6	45.0
45	42.8	42.2	40.2	37.0	115	42.7	44.8
50	43.5	S-Br. 43.5	41.6	39.0	120	41.6	44.3
55		44.3°	42.8	40.6	125	40.1	43.7
60		44.7	43.7	42.0	130	38.4	42.8
65		45.0	44.4	43.0	135	36.4	41.6
70		45.0	44.8	43.9	140		40.2
75		45.0	45.0	44.5	136° 35′	35° 40′	
80		45.0	45.0	S-Br. 44.8	143° 30′		39° 0′
85		45.0	45.0°				
90		45.0	45.0				
Entfernungen in Seemeilen					Entfernungen in Seemeilen		
	3266	2973	2906	2882		2172	2374

c. Nach Fremantle.

Westlicher Teil bis 60° O-Lg. in 40.9° S-Br. Schnittpunkte					Östlicher Teil von 60° O-Lg. Schnittpunkte	
Vom Kap der Guten Hoffnung	Von der Algoa-Bucht	Von East London	Von Durban		Nach Rottnest-Eiland	
Abfahrtspunkt 34° 30' S-Br. und 18° 29' O-Lg.	Abfahrtspunkt 34° 2' S-Br. und 25° 45' O-Lg.	Abfahrtspunkt 33° 2' S-Br. und 29° 0' O-Lg.	Abfahrtspunkt 29° 55' S-Br. und 31° 4' O-Lg.		Ankunftspunkt 31° 55' S-Br. und 115° 33' O-Lg.	
O-Lg.	S-Br.	S-Br.	S-Br.	S-Br.	O-Lg.	S-Br.
20°	35.1°				60°	40.9°
25	36.6				65	41.3
30	38.0	35.5°	33.9°		70	41.4
35	39.1	37.1	34.7	32.0°	75	41.3
40	39.9	38.4	37.2	34.4	80	41.0
45	40.5	39.4	38.5	36.5	85	40.5
50	40.8	40.2	39.6	38.3	90	39.8
55	41.0	40.6	40.4	39.7	95	38.8
60	40.9	40.9	40.9	40.9	100	37.5
					105	36.0
					110	34.3
					115° 33'	31° 56'
Entfernungen in Seemeilen					Entfern. in Sm	
1989	1671	1594	1553		2690	

Die Reisen nach Fremantle werden zu jeder Jahreszeit auf den kürzesten Wegen gemacht, da der südlichste davon, der größte Kreis vom Kap der Guten Hoffnung nach der Insel Rottnest, nicht über 45° S-Br. hinaus nach Süden führt, und da der größte Kreis von Durban nach Fremantle die Schiffe immerhin noch ziemlich schnell aus dem Bereich der nach Südwesten setzenden Agulhas-Strömung und der — übrigens nur im Sommer sehr häufigen — östlichen Winde bringen würde. Aber das berechtigte Streben nach gemeinschaftlichen Wegen hat die Deutsche Seewarte veranlaßt, vorzuschlagen, vom Kap der Guten Hoffnung, von der Algoa-Bucht und von Durban aus Wege zu nehmen, die sich in 60° O-Lg. mit dem größten Kreise East London—Fremantle vereinigen. Dieser Vorschlag ist angenommen, und danach steuern die Schiffe getrennt auf den größten Kreisen nach 60° O-Lg. in 40° 56' S-Br. und von hier gemeinschaftlich im größten Kreise weiter.

d. Entfernungen von Afrika nach Australien auf den vorstehenden Wegen.

	bis 90° O-Lg.	von 90° O-Lg.	Zusammen
Nach Kap Otway:			
Sommerweg vom Kap der Guten Hoffnung	3232 Sm	2351 Sm	5583 Sm
Winterweg „ „ „ „	3266 „	2374 „	5640 „
Sommerweg von der Algoa-Bucht	2949 „	2351 „	5300 „
Winterweg „ „ „	2973 „	2374 „	5347 „
Sommerweg von East London	2890 „	2351 „	5241 „
Winterweg „ „ „	2906 „	2374 „	5280 „
Sommerweg von Durban	2878 „	2351 „	5229 „
Winterweg „ „	2882 „	2374 „	5256 „
Nach Kap Borda:			
Sommerweg vom Kap der Guten Hoffnung	3232 Sm	2171 Sm	5403 Sm
Winterweg „ „ „ „	3266 „	2172 „	5438 „
Sommerweg von der Algoa-Bucht	2949 „	2171 „	5120 „
Winterweg „ „ „	2973 „	2172 „	5145 „
Sommerweg von East London	2890 „	2171 „	5061 „
Winterweg „ „ „	2906 „	2172 „	5078 „
Sommerweg von Durban	2878 „	2171 „	5049 „
Winterweg „ „	2882 „	2172 „	5054 „
Nach Fremantle zu jeder Jahreszeit:	bis 60° O-Lg.	von 60° O-Lg.	
vom Kap der Guten Hoffnung	1989 Sm	2690 Sm	4679 Sm
von der Algoa-Bucht	1671 „	2690 „	4361 „
von East London	1594 „	2690 „	4284 „
von Durban	1553 „	2690 „	4243 „

e. Von Westaustralien oder Kap Leeuwin nach Südafrika.

Da diese Reisen wegen der widrigen Winde und Strömungen nicht auf den kürzesten Wegen gemacht werden können und deshalb Wege aufgesucht werden müssen, die sich ohne unnötige Umwege den Wind- und Strömungsverhältnissen anpassen, so müßten die Wege von Australien nach Südafrika eigentlich mit den Verschiebungen dieser Verhältnisse auch verschoben werden. Da es aber andererseits zweckmäßig ist, daß sich Schiffe gegebenenfalls schnell Hilfe leisten können, so würde es dazu am zweckmäßigsten sein, wenn nur ein einziger Weg festgelegt zu werden brauchte. Um diese beiden sich gegenüberstehenden Erfordernisse auf eine gemeinsame mittlere Linie zu bringen, hat die Deutsche Seewarte nach Durcharbeit dieser Aufgabe die folgenden Wege vorgeschlagen, die daraufhin auch von den Dampfern des Norddeutschen Lloyd eingehalten werden:

Wenn der Meridian von Kap Leeuwin überschritten wird
vom 16. November bis 15. April,
so nehme man den Sommerweg. Man steuere 100° O-Lg. in 32° S-Br. an und auf diesem Parallel nach Westen. In 45° O-Lg. biege man von 32° S-Br. nach seinem Bestimmungsorte, entweder auf Durban oder auf East London zu; auch wenn man nach der Algoa-Bucht oder um das Kap der Guten Hoffnung will, sollte man in der Nachbarschaft von East London Land machen.

Wenn der Meridian von Kap Leeuwin überschritten wird
vom 16. April bis 15. November,
nehme man den Winterweg. Man steuere 100° O-Lg. in 29° S-Br. an und auf diesem Parallel nach Westen. In 45° O-Lg. biege man von 29° S-Br. nach seinem Bestimmungsorte, auf Durban oder auf East London zu, weil man in der Nachbarschaft von East London Land machen sollte, auch wenn man nach der Algoa-Bucht oder nach dem Kap der Guten Hoffnung will.

Kurse, Distanzen, Schnittpunkte und Entfernungen auf diesen Wegen sind die folgenden:

Von Australien nach Südafrika.

Sommerwege, 16. XI. bis 15. IV.				Winterwege, 16. IV. bis 15. XI.			
rw. Kurse	Distanzen	nach S-Br.	nach O-Lg.	rw. Kurse	Distanzen	nach S-Br.	nach O-Lg.
Von Kap Leeuwin in 34° 35′ S-Br. und 115° 9′ O-Lg.							
282°	776 Sm	32° 0′	100° 0′	293°	842 Sm	29° 0′	100° 0′
270	2800 „	32 0	45 0	270	2886 „	29 0	45 0
280	728 „	nach Durban		266	730 „	nach Durban	
		oder				oder	
266	862 „	nach East London		255	907 „	nach East London	
Von Rottnest-Eiland in 31° 56′ S-Br. und 115° 33′ O-Lg.							
270°	791 Sm	32° 0′	100° 0′	282°	823 Sm	29° 0′	100° 0′
270	2800 „	32 0	45 0	270	2886 „	29 0	45 0
280	728 „	nach Durban		266	730 „	nach Durban	
		oder				oder	
266	862 „	nach East London		255	907 „	nach East London	

	Entfernungen Sommerweg Sm	Winterweg Sm		Entfernungen Sommerweg Sm	Winterweg Sm
Von Kap Leeuwin nach:			Von Rottnest-Eiland nach:		
Durban	4304	4458	Durban	4319	4439
East London	4438	4635	East London	4453	4616
der Algoa-Bucht	4568	4765	der Algoa-Bucht	4583	4746
dem Kap der Guten Hoffnung .	4938	5535	dem Kap der Guten Hoffnung .	4953	5116

Mauritius-Orkane kommen nur in der Zeit vor, in der der Sommerweg eingehalten wird. Sie treten aber nicht häufig auf (vgl. „Durchschnittl. Häufigkeit der tropischen Orkane" u. „Orkane im südl. Ind. Ozean") und dürften auf diesem Wege nur selten angetroffen werden, da sie meistens nördlich davon bleiben. Kommt ein westwärts steuernder Dampfer in den Bereich eines nördlich von ihm entlang ziehenden Orkans, so wird er den Wind südöstlich haben und sollte seinen westlichen Kurs beibehalten oder vielleicht noch besser einen weststüdwestlichen Kurs steuern, solange es geht. Holt dann der Wind nach rechts, d. h. südlicher, so ist das ein sicheres Zeichen, daß man richtig handelt. Man behalte dann den Kurs bei, solange man kann, halte ruhig ab, wenn der Wind durch weiteres Rechtsholen dazu zwingt, und drehe bei, wenn man soviel abgewiesen würde, daß man dabei wieder nach Osten gelangt.

Im Dezember, namentlich aber im Januar und auch im Februar, kommen die Mauritius-Orkane vor, deren Bahnen in diesen Breiten südostwärts gerichtet sind, und 32° S-Br. überschreiten. Hat man in einem solchen Falle den Wind südöstlich, so verfahre man, wie oben angegeben ist. Hat man den Wind nordöstlich, so sollte man — aber nur, wenn man wirklich die Überzeugung gewonnen hat, daß es sich um einen Orkan handelt.— beidrehen oder auch nördlich steuern, bis der Wind links herumholt und soweit abgenommen hat, daß man wieder fahren kann. Ist der Wind östlicher als NO, etwa ONO oder gar Ost, so dürfte es sich empfehlen, den Wind einige Striche von B-B. hinten einzubringen und auf einem südwestlichen Kurse zu versuchen, ohne Verzug mit Hilfe des günstigen Windes vor dem Zentrum vorüber zu kommen. Holt der Wind dabei nach rechts, so darf man auf Erfolg rechnen, ändert sich dabei die Windrichtung aber nicht oder holt der Wind nach NO und weiter nach links, so drehe man auf B-B. Halsen bei oder steuere nordwärts.

Bei westlichen Winden befindet man sich hinter dem Orkan und kann deshalb seinen westlichen Kurs unbedenklich verfolgen, wenn nicht Wind und Seegang zum Beidrehen zwingen.

Auf diesen Wegen, und zwar nicht nur bei Orkanen, sollte den besonderen Umständen bei jeder Reise Rechnung getragen werden. So dürfte es manchmal vorteilhaft sein, bei den häufigen starken südwestlichen Winden in der Umgebung von Kap Leeuwin einen ziemlich nördlichen Kurs zu steuern, der schnell in Breiten mit schwächeren, linksholenden Winden führt, oder bei starken nordwestlichen bis nordöstlichen Winden einen sehr westlichen Kurs zu steuern, bis der Wind ausschießt, und so sollte es z. B. auch den Kapitänen überlassen bleiben, die Küste Afrikas nicht gerade in der Nachbarschaft von East London, sondern den jeweiligen Wind-, Seegang- und Stromverhältnissen entsprechend anzulaufen.

Es ist der Deutschen Seewarte recht wohl bekannt, daß selbst Segler auf, teilweise wenigstens, noch südlicheren Wegen gute Reisen nach Westen gemacht haben; das sind aber Ausnahmen, die damit zusammenhängen, daß ein langgestrecktes Gebiet hohen Druckes eine Zeitlang ziemlich unverändert in den Roßbreiten lag und den Schiffen Gelegenheit gab, bei den nördlichen Winden an seiner Südseite nach Westen zu segeln. Solche Ausnahmen können Dampfer, die nicht an einen vorgeschriebenen Weg gebunden sind, natürlich um so mehr ausnutzen, als sie die etwaigen Stillen und leichten Winde, die solche Versuche von Seglern oft mißglücken ließen, nicht zu fürchten brauchen; feste Wege können aber auf solche Ausnahmen hin nicht vereinbart und vorgeschrieben werden.

13. Von Zanzibar nach Bombay und zurück.

Diese Zwischenreisen werden auf ähnlichen Wegen gemacht wie die in Nr. 8 beschriebenen Reisen vom Kaplande nach dem Arabischen Meere und zurück. Im Nordost-Monsun, von November bis März und bis über Mitte April, werden Reisen von Zanzibar nach Bombay wie von Bombay nach Zanzibar auf den kürzesten Wegen gemacht.

Im Südwest-Monsun einschließlich Oktober empfiehlt es sich, auf Reisen von Zanzibar nach Bombay im stärksten Strom vor der Küste zu bleiben und erst von etwa 4° N-Br. an den größten Kreis einzuschlagen. Auf Rückreisen von Bombay nach Zanzibar sollte man im Südwest-Monsun zunächst südlich steuern und erst von etwa 3° N-Br. in 67° O-Lg. an im größten Kreise nach Zanzibar hinüber laufen. Damit macht man allerdings einen Umweg von 290 Sm, aber für kleine Dampfer lohnt er sich. Große und starke Dampfer können den Umweg abkürzen, sollten aber doch auf der Ostseite des Arabischen Meeres vornehmlich Süd gut machen. Auch im Oktober empfiehlt es sich noch, die erste Hälfte des Weges auf gut südlichen Kursen zurückzulegen.

14. Von Zanzibar nach Häfen Cochins oder nach Ceylon und zurück.

Für diese Zwischenreisen gibt es zwei Wege, einen durch den 8°-Kanal und einen durch den $1\frac{1}{2}$°-Kanal. Der Weg durch den 8°-Kanal ist für Reisen nach und von Cochin etwa 250 Sm, nach und von Ceylon aber 20 Sm kürzer, als der Weg durch den $1\frac{1}{2}$°-Kanal.

Nordost-Monsun. Auf Reisen nach Cochin sollten schwache Dampfer und auf Reisen nach Ceylon alle, auch kräftige Dampfer, durch den $1\frac{1}{2}$°-Kanal und von da geradenwegs nach dem Bestimmungsort laufen. Auf Rückreisen nach Zanzibar sollten alle Dampfer durch den 8°-Kanal fahren.

Südwest-Monsun. Auf Reisen nach Cochin oder Ceylon sollten alle Dampfer durch den 8°-Kanal laufen. Auf Rückreisen nach Zanzibar sollten schwache Dampfer von allen Häfen aus, und kräftige Dampfer von Ceylon aus durch den $1\frac{1}{2}$°-Kanal laufen. Von Cochin aus können starke Dampfer auch durch den 8°-Kanal fahren, ruhigere und deshalb vielleicht nicht unvorteilhaftere Reisen werden sie aber auf dem Wege durch den $1\frac{1}{2}$°-Kanal haben.

15. Von Mauritius nach der Sunda-Straße und zurück.

Die Reisen nach der Sunda-Straße kann man auf dem größten Kreise machen; in vielen Fällen, namentlich bei steifem Passat, wird man sich aber besser stehen, von Mauritius aus einen so nördlichen Kurs einzuschlagen, daß man mit dem Passat von St-B. ein seine volle Fahrt läuft. Ist der Passat dann so flau geworden, daß man auf einem östlicheren Kurse seine volle Fahrt behalten kann, so biege man östlicher und auf die Sunda-Straße zu. Der größte Kreis ist 2890 Sm lang, und wenn man auf einem ziemlich nördlichen Kurse bis 8 oder 7° S-Br. nach Norden und dann südlich von Diego Garcia ostwärts läuft, macht man einen Umweg von etwa 150 Sm. Für schwache und langsame Dampfer kann es sich aber empfehlen, sogar erst nördlich von Diego Garcia ostwärts zu laufen.

Rückreisen werden immer auf dem kürzesten Wege gemacht.

16. Von Colombo nach Fremantle oder Kap Leeuwin und zurück.

Diese Reisen werden in beiden Richtungen auf dem kürzesten Wege gemacht, der etwa 60 Sm westlich von den Kokos-Inseln entlang führt und von Colombo bis Fremantle 3120 Sm, bis Kap Leeuwin 3212 Sm lang ist. Von diesen Entfernungen entfallen in der Nordost-Monsunzeit, im südlichen Sommer, etwa 1200 Sm auf die Monsunstrecke mit ruhigem Wetter und etwa 1920 oder 2000 Sm auf die Passatstrecke. Im südlichen Winter oder im Südwest-Monsun des nördlichen Indischen Ozeans ist die Monsunstrecke nur etwa 1000 Sm und die Südost-Passatstrecke nur etwa 1500 Sm lang. Im Süden der Passatstrecke sind dann noch etwa 600 Sm bei veränderlichen, vorwiegend aber südlichen bis südwestlichen Winden zurückzulegen.

Die Ausreisen, die gegen den Südost-Passat gemacht werden müssen, sind natürlich entsprechend schwieriger, als die Rückreisen nach Colombo, und man wird nicht fehl gehen, wenn man nach der Reisedauer zwischen Kap Guardafui und Kap Leeuwin (vgl. Nr. 6) annimmt, daß 11 Kn-Dampfer zu Ausreisen von Colombo nach Kap Leeuwin durchschnittlich etwa 7 Wachen mehr, als auf Rückreisen brauchen würden. Um Genaueres über die Unterschiede zwischen den Ausreisen und den Rückreisen auf diesem Wege festzustellen, sind weit über meteorologische Tagebücher mit solchen Reisen durchgearbeitet worden, aber die gewöhnlichen Frachtdampfer pflegen ihre Ausreisen um das Kap der Guten Hoffnung und nur die Rückreisen durch den Suez-Kanal zu machen, und die Reichspostdampfer, die den Weg in beiden Richtungen nehmen, legen ihn, vermutlich fahrplanmäßig, in beiden Richtungen in derselben Zeit (48 Wachen) zurück. Über ihren Kohlenverbrauch ist aber aus den meteorologischen Tagebüchern nichts zu ersehen.

17. Von Yokohama nach der Juan de Fuca-Straße oder nach Astoria und zurück.*

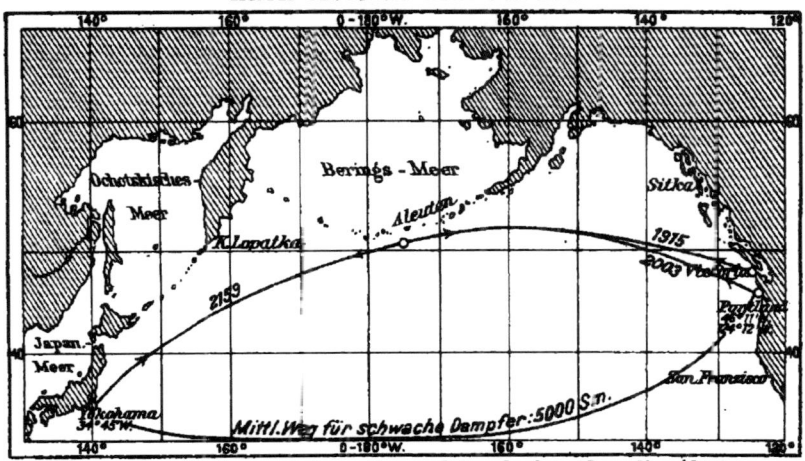

Die größten Kreise zwischen diesen Orten laufen über die Aleuten; man sollte aber schon die Nähe dieser Inseln meiden, im Winter wegen der dunklen Nächte, im Sommer, weil dann in ihrer Umgebung auf hundert Beobachtungen mehr als 40 mit Nebel entfallen. Deshalb werden Wege empfohlen, die überall mindestens 70 Sm südlich von den Aleuten bleiben und doch nur etwa 10 Sm länger sind als die kürzesten.

Die empfohlenen Wege führen vom Abfahrtpunkte in 34° 51′ N-Br. und 139° 53′ O-Lg., rw. Süd, 3 Sm vom Leuchtturm Nojima-zaki, gemeinschaftlich im größten Kreise nach 50° 30′ N-Br. und 175° 0′ W-Lg., südlich von den Aleuten, und von hier aus auf getrennten Wegen in den größten Kreisen nach dem Feuerschiffe „Swiftsure Bank" vor der Juan de Fuca-Straße oder nach dem Feuerschiffe „Columbia River" vor der Columbia-Mündung.

Die Entfernungen von Nojima-zaki betragen:
Nach dem Feuerschiffe „Swiftsure Bank" 4074 Sm
„   „   „   „Columbia River" 4161 „

Schnittpunkte auf dem gemeinschaftlichen Wege nach der Südseite der Aleuten in 50° 30′ N-Br. und 175° 0′ W-Lg.:

O-Lg.	N-Br.	O-Lg.	N-Br.	O-Lg.	N-Br.
139° 53′	34° 51′	155°	43° 8′	170°	48° 4′
145	38 3	160	45 6	175	49 8
150	40 48	165	46 44	180	49 56
				175 W-Lg.	50 30

Dieser Bogen des größten Kreises ist 2159 Sm lang.

Schnittpunkte nach dem Feuerschiffe „Swiftsure Bank" in 48° 30′ N-Br. und 125° 0′ W-Lg.:

W-Lg.	N-Br.	W-Lg.	N-Br.	W-Lg.	N-Br.
175°	50° 30′	160°	52° 21′	140°	51° 32′
170	51 28	155	52 28	135	50 47
165	52 1	150	52 23	130	49 46
		145	52 4	125	48 30

Dieser Bogen des größten Kreises ist 1915 Sm lang.

Schnittpunkte nach dem Feuerschiffe „Columbia River" in 46° 12′ N-Br. und 124° 11′ W-Lg.:

---

* Diese Wege, die ganz außerhalb des Gebietes des Indischen Ozeans liegen und daher nicht in dieses Werk gehören, haben nur aus dem Grunde hier Aufnahme gefunden, weil diese Dampferreisen sich öfter unmittelbar an die aus oder nach dem Indischen Ozean führenden anschließen.

W-Lg.	N-Br.	W-Lg.	N-Br.	W-Lg.	N-Br.
175°	50° 30'	160°	51° 40'	140°	50° 11'
170	51° 5	155	51 38	135	49 13
165	51° 31	150	51 20	130	48 2
		145	50 50	124 11'	46 12

Dieser Bogen des größten Kreises ist 2003 Sm lang.

Im allgemeinen sind diese Wege von deutschen Dampfern zwischen Yokohama und Portland Or. auch eingehalten worden, und zwar ergeben sich auf ihnen aus 26 älteren Reisen als **Mittelwerte der Reisedauer**

für Reisen von Westen nach Osten	für Reisen von Osten nach Westen	
im Sommer ..... 17½ Tage	18½ Tage	(+ 1 Tag)
im Winter ..... 19 „	21¾ „	(+ 2¾ Tage)

a. Sommerreisen von Westen nach Osten.

Die Reisen verlaufen im allgemeinen sehr günstig. Bei fast durchweg mitlaufenden Strömungen und überwiegend westlichen Winden hat man im allgemeinen ruhiges Wetter. Auf der westlichen Hälfte des Ozeans tritt viel Nebel auf (über 40%), doch kommt Eis nicht vor. Um dem Übel zu entgehen, würde man sehr große Umwege machen müssen.

b. Sommerreisen von Osten nach Westen.

Auch diese Reisen verlaufen im allgemeinen günstig. Die östlichen Strömungen und überwiegend westlichen, wiewohl im allgemeinen leichten oder mäßigen Winde, machen die Reisen für 10 Kn-Dampfer allerdings etwa 1 Tag länger als die Reisen von Westen nach Osten. Man könnte den östlichen Strömungen und westlichen Winden aber nur auf Umwegen entgehen, die die Reisen noch länger machen würden.

c. Winterreisen von Westen nach Osten.

Trotz der mitlaufenden Strömungen werden diese Reisen durch die Winterstürme für 9 bis 10 Knoten-Dampfer im Durschnitt sogar länger als die Sommerreisen von Osten nach Westen. Auf der westlichen Hälfte des Ozeans überwiegen Stürme aus westlichen bis nordwestlichen Richtungen, auf der Mitte des Weges wehen die Stürme aus allen Richtungen, wobei nördliche etwas überwiegen mögen, und auf der Ostseite des Ozeans sind starke südwestliche und westliche Winde am häufigsten. Dem stürmischen Wetter im allgemeinen zu entgehen, ist ohne sehr große Umwege nicht möglich, deshalb muß sich jedes Schiff mit jedem einzelnen Sturme so gut abfinden, wie es kann. Z. B. kann man auf dem Wege nach den Aleuten bei nordwestlichen oder noch schraler von B-B. wehenden Stürmen ruhig abhalten, wenn man damit entsprechend bessere Fahrt erzielt. Der Umweg, den man damit macht, ist nicht bedeutend, er wird erst 100 Sm groß, wenn man 175° W-Lg. zwischen 46 und 45° N-Br. überschreitet, und auf der Ostseite des Ozeans bringt ein südlicherer Weg keinen Nachteil.

d. Winterreisen von Osten nach Westen.

Diese Reisen sind so beschwerlich, daß man die Frage stellen muß, ob es sich nicht lohnen würde, sie auf anderen als den hier vorgeschlagenen Wegen zu machen. Man wird sie aber nur mit „ja" beantworten können, wenn es sich um schwache oder solche Dampfer handelt, die aus anderen Gründen schlechtem Wetter ganz aus dem Wege gehen müssen. Dies kann dann nur auf südlicheren Wegen geschehen, doch zeigt die Prüfung der Winde und Strömungen, daß die Verhältnisse für westwärts gehende Dampfer nach Süden hin zunächst durchaus nicht günstiger werden, daß im Gegenteil die Häufigkeit starker Westwinde zwischen 45 und 40° N-Br. eher größer ist, als zwischen 52 und 47° N-Br.

Schwache Dampfer müssen demnach von der amerikanischen Küste aus auf einem allgemein südwestlichen Kurse, der sich der gerade herrschenden Wetterlage anpaßt, Süd gut machen und erst nach Westen steuern, wenn sie südlich von 35° N-Br. ruhiges Wetter erreicht haben. Je weiter südlich sie ihre Länge ablaufen, desto besseres Wetter dürfen sie erwarten, desto länger wird aber auch der Umweg. Dieser beträgt etwa 700 Sm, wenn man die Länge in 35° N-Br., und etwa 1000 Sm, wenn man die Länge in 30° N-Br. abläuft. Auf solchen Umwegen läßt sich für gewöhnliche Dampfer kein Vorteil, wenigstens keine Ersparnis von Zeit erwarten; denn schon 9 bis 10 Knoten-Dampfer würden, vorausgesetzt, daß sie auf dem Umwege jederzeit ihre volle Meilenzahl zurücklegen, auf diesem ebenso lange, in Wirklichkeit vielleicht sogar etwas länger brauchen, als auf den nördlichen Wegen. Da es solche Dampfer in der großen transozeanischen Fahrt aber kaum noch gibt, und da mit der Größe und Geschwindigkeit des modernen Dampfers auch seine Widerstandsfähigkeit wächst — es sei hier nur angeführt, daß ein 15 bis 16 Knoten-Dampfer bei Windstärke 10 von vorn im allgemeinen noch etwas über die Hälfte seiner Durchnittsfahrt macht, wogegen ein 10 Kn-Dampfer unter gleichen Verhältnissen mehr als drei Viertel seiner Durchschnittsfahrt einbüßt (vgl. hierzu Dampferhandb. f. d. Atl. Oz., 2. Aufl., S. 47 ff.) — so wird man zu der Folgerung gezwungen, daß der oben bezeichnete nördliche Weg auch im Winter für gewöhnliche, westwärts steuernde Dampfer zwar kein angenehmer, aber der beste ist.

Natürlich soll man sich stets den Wetterlagen anpassen, man soll aber nicht glauben, daß etwaige Abweichungen nach Süden hin außer augenblicklichen noch andere Vorteile bringen; eher möchte das von geringen Abweichungen nach Norden gesagt werden können, weil die westwärts steuernden Schiffe im Winter von den Aleuten an vorwiegend westliche bis nördliche, d. h. von St-B. kommende Winde haben, aber da nach Norden hin die Aleuten im Wege liegen, verbieten sich große Abweichungen von dem empfohlenen Wege nach dieser Seite hin von selbst, es sei denn, daß man durch die Unimak-Straße und dann nördlich von den Aleuten westwärts steuert. Dieser Weg, nördlich von den Aleuten, ist in den Jahren 1907 und 1908 vom D. „Alesia" auf fünf Reisen von Portland Or. nach Yokohama oder Wladiwostock mit Vorteil genommen worden, und er kann auch wohl in einzelnen Fällen, d. h. wenn die Umstände günstig sind, empfohlen werden, namentlich nach Wladiwostock (vgl. hierzu die Rückseite der Monatskarte f. d. Nordatlantischen Ozean, Okt. 1909 und Juli 1914). Aber den Weg nördlich von den Aleuten allgemein zu empfehlen oder gar, wie die vereinbarten Wege im Nordatlantischen Ozean, festzulegen, würde die Deutsche Seewarte nicht für richtig halten, weil die Durchfahrt durch die Aleuten und deren Ansteuerung bei dickem Wetter oft schwierig und selbst gefahrvoll sein würde. Die Verhältnisse liegen dort ähnlich, wie auf dem Wege von der Deutschen Bucht Nord um Schottland nach New York. Dieser Weg wird ohne besondere Gründe nicht genommen, wiewohl er kürzer ist, als der durch den Englischen Kanal, und wiewohl von Oktober bis Januar vom Eise auf der Neufundlandbank keine oder doch nur geringe Gefahr droht. Wie aber dieser Weg unter besonderen Umständen genommen werden kann, so kann auch auf Reisen von Ost nach West der Weg nördlich von den Aleuten entlang genommen werden, wenn die Umstände dazu günstig sind. Von Sichtigkeits-, Wind- und Stromverhältnissen abhängend, wird dies aber nur von Fall zu Fall beurteilt werden können.

Register.

Abd-el-Kuri-Insel 75, 78
Abu Ail-Durchfahrt 73
8°-Kanal 71, 75, 77, 92
Aden, normaler Luftdruck zwischen Colombo und 24
— Golf von, Orkane im 16
— -Orkan 16
Äquatorialgegend, allgemeine Windverhältnisse in der 4
Äquatorial-Kanal 71, 77, 78
Äquatorialströmung, die östliche 5
Agulhas, Kap 68, 72
— -Strömung, die 5, 32
Alas-Straße 57, 58, 60, 66, 67
Aleuten, die 93, 94, 95
Algoa-Bucht 87, 89, 90
Alguada-Riff 50, 51
Algué, Pater, Häufigkeit der Taifune nach 18
Allgemeines 1
Amber, Kap 47, 71, 81, 84, Südost-Passattrift beim 5
Amoy, Taifunbahnen zwischen Shanghai und 19
Anamba 56
— -Inseln 55, 65, 66
Andamanen 50, 70, 75, Monsuntrift bei den 28, Orkangefahr bei den 15, 16
— -See 50
Anocet-Klippe 73
Api-Straße 56, 65
Arabisches Meer, durchschnittliche Häufigkeit der tropischen Orkane im 8
— — normaler Luftdruck im 24
— — Südost-Passattrift im 5
Arafura-See, östliche Äquatorialströmung in der 5
— West-Monsun der 4
Arakan-Küste, Orkane 15, Strom 50, 51
Aschrafi-Leuchtturm 73
Assab-Bucht 74
Atjeh-Huk 51, 70
Australien, Nord- und Nordwestküste, Nordwest-Monsun 4
Australische Küstengewässer, Orkane im südlichen Indischen Ozean und in 10, Verhalten für schwache Dampfer und Segler auf dem Wege vom Osten nach Südafrika 11, auf den Wegen nach Norden 11, auf Reisen von Nord nach Süd 13, von Süd nach Nord in australischen Gewässern 12, im Korallenmeer 13, im Norden der Inseln 13

Babar-Inseln, Neerstrom 31
Bab el-Mandeb-Straße 74
Balabak-Straße 56, 65
Bali-Straße 57, 60, 67, 83, 84, 85
Ballingtang-Kanal 58, 59
Bampton-Riff 62, Orkangefahr beim 13
Bangkauluang 60
Banka-Straße 65, 66
Barren-Eiland 69
Bashi-Kanal 58
Basilan-Straße 58, 66
Bass-Straße 61, 62
Bengalen, Golf von, durchschnittliche Häufigkeit der tropischen Orkane im 8
— — — normaler Luftdruck im 24
— — — Orkane im 14, Verhalten für Segler und schwache Dampfer bei westlichen und nordwestlichen Winden 16, wenn der Sturm aus einer Richtung zwischen ONO und N anfängt 15, wenn man den Wind gleich anfangs so nördlich hat, daß das Beidrehen auf B-B.-Halsen keinem Zweifel unterliegt 16
— — — Schnittpunkte von der Passatgrenze im Südatlantischen Ozean nach dem 49
Besonderes 8
Biaroe-Insel 67
Bintang 55
Bojeador, Kap 56
Bolinao, Kap 56
Bonin-Inseln, Orkane, Marschrichtung 26
Borda, Kap 87
— — Häufigkeit und Stärke der Winde zwischen Kap Leeuwin und 9
Borneo 55, 56
— Nordwestküste, Neerstrom 29
Botel Tabago 56
Breaker-Huk 58
— Taifunbahnen 19
Brothers, die 65
Brüder, die 73
Burma, Strom an der Küste von 28
Buru 59

Cargadas Carazos 48
Celebes 66
— -See 85
Centre Peak Island s. Mittelgipfel-Insel
Ceylon 69, 92
— Ostküste, Monsuntrift 28
— Südspitze 77, 78
Chagos-Inseln 71, 78
— Entstehen der Orkane zwischen 12°
 S-Br. und dem 26
— Weg westlich von 48
Cochin 92
Cochinchina, Taifunmitte bei 19
— -Küste 65
Colombo, normaler Luftdruck zwischen Aden und 24
Columbia River-Feuerschiff 93
Comoren, die 80
Comorin, Kap 48
Cook-Straße 62
Coromandel-Küste, Strom 28

Daalac-Bank 74
Dädalus-Riff 73
Damar-Inseln, Neerstrom 31
Dampferreisen 73
— Aden, durch den Golf von 74, starke Dampfer auf der Heimreise 74, schwache Dampfer auf der Ausreise, auf der Heimreise 74
— Aden, von Aden nach Colombo und weiter nach Häfen im Golf von Bengalen und zurück 75, Ausreisen 75, Rückreisen 75
— Aden, von Aden nach Häfen im nördlichen Teil des Arabischen Meeres und zurück 74, Ausreisen 74, Rückreisen 74
— Aden, von Aden nach der Malakka-Straße und zurück 75, Tabellen für Ausreisen von West nach Ost 76, für Rückreisen von Ost nach West 76, von Osten nach Westen, die Ansteuerung der afrikanischen Küste 77, von Westen nach Osten 77
— Aden, von Aden nach Ost- und Südafrika und zurück 81, im Nordost-Monsun 80, im Südwest-Monsun 80
— Aden, von Aden nach der Sunda-Straße und zurück 78, Ausreisen 78, Rückreisen 78
— Aden, von Suez nach Aden und zurück 73, starke Dampfer auf der Ausreise 73
— Afrika, Entfernungen von Afrika nach Australien auf den gemeinschaftlichen Dampferwegen 89

Dampferreisen, Arabisches Meer, von Aden nach Häfen im nördlichen Teil des Arabischen Meeres und zurück 74, Ausreisen 74, Rückreisen 74
— Arabisches Meer, von Kapstadt oder benachbarten Häfen nach dem Arabischen Meere und zurück 80, im Nordost-Monsun 80, im Südwest-Monsun 81
— Astoria, von Yokohama nach der Juan de Fuca-Straße oder nach Astoria und zurück 93, empfohlene Wege 93, Entfernungen 93, Schnittpunkte 93, Mittelwerte der Reisedauer 94, Sommerreisen von Osten nach Westen und von Westen nach Osten 94, Winterreisen von Osten nach Westen und von Westen nach Osten 94, Weg nördlich von den Aleuten 95
— Australien, Entfernungen von Afrika nach Australien auf den gemeinschaftlichen Dampferwegen 89
— Australien, Gemeinschaftliche Dampferwege zwischen Südafrika und 86, Mauritius-Orkane 90, südlichere Wege 91
— Australien, von Kap Guardafui nach Australien und zurück 78, Einfluß des Seeganges auf die Fahrt von Dampfern 79, Einfluß des Windes und des Seeganges und der Strömung 78, Monsunstrecke 79, Passatstrecke 79
— Australien, Kurse, Distanzen, Schnittpunkte und Entfernungen von Australien nach Südafrika auf den gemeinschaftlich. Dampferwegen 90
— Bab el-Mandeb, durch die Straße 73
— Bassein, von 75
— Bengalen, Golf von, von Aden nach Colombo und weiter nach Häfen im Golf von Bengalen und zurück 75, Ausreisen 75, Rückreisen 75
— Bengalen, Golf von, von Kapstadt oder benachbarten Häfen nach Colombo oder dem Golf von Bengalen und zurück 81, Ausreisen 81, Rückreisen 81
— Bombay, nach 74, von 81
— — von Zanzibar nach Bombay und zurück 91, im Nordost-Monsun 91, im Südwest-Monsun 91
— Borda, Kap, Sommer- und Winterwege nach Kap Borda auf den gemeinschaftlichen Dampferwegen zwischen Südafrika u. Australien 88

Dampferreisen, Ceylon, von Zanzibar nach Häfen Cochins oder nach Ceylon und zurück 92, im Nordost-Monsun 92, im Südwest-Monsun 92
— Cochin, von Zanzibar nach Häfen Cochins oder nach Ceylon und zurück 92, im Nordost-Monsun 92, im Südwest-Monsun 92
— Colombo, von Aden nach Colombo und weiter nach Häfen im Golf von Bengalen und zurück 75, Ausreisen 75, Rückreisen 75
— Colombo, von Colombo nach Fremantle oder Kap Leeuwin und zurück 92
— Colombo, von Kapstadt oder benachbarten Häfen nach Colombo oder dem Golf von Bengalen und zurück 81, Ausreisen 81, Rückreisen 81
— Durban, nach Java von 83
— — von Durban nach Japan oder Sibirien und zurück 84, Ausreisen 84, Rückreisen 85
— Fremantle, nach 87, 89
— Guardafui, Kap, von Kap Guardafui nach Australien und zurück 78, Einfluß des Seeganges auf die Fahrt von Dampfern 79, Einfluß des Windes und des Seeganges und der Strömung 78, Monsunstrecke 79, Passatstrecke 79
— Guten Hoffnung, Kap der, vom Kap der Guten Hoffnung nach Java und zurück 82, Ausreisen 82, Rückreisen 84
— Java, vom Kap der Guten Hoffnung nach Java und zurück 82, Ausreisen 82, Rückreisen 84
— Juan de Fuca-Straße, von Yokohama nach der Juan de Fuca-Straße oder Astoria und zurück 93, empfohlene Wege 93, Entfernungen 93, Schnittpunkte 93, Mittelwerte der Reisedauer 94, Sommerreisen von Osten nach Westen und von Westen nach Osten 94, Winterreisen von Osten nach Westen und von Westen nach Osten 94, Weg nördlich von den Aleuten 95
— Kapstadt, von Kapstadt oder benachbarten Häfen nach Colombo oder dem Golf von Bengalen und zurück 81, Ausreisen 81, Rückreisen 81
— Kapstadt, von Kapstadt oder benachbarten Häfen nach dem Arabischen Meere und zurück 80, im Nordost-Monsun 80, im Südwest-Monsun 81
Dampferreisen, Karátshi, nach 74, von 74, 75
— Labuan, nach 85
— Leeuwin, Kap, von Colombo nach Fremantle oder Kap Leeuwin und zurück 92
— Leeuwin, von Westaustralien oder Kap Leeuwin nach Südafrika 90
— Malakka-Straße, von Aden nach der Malakka-Straße und zurück 75, die Ansteuerung der Afrikanischen Küste 77, Tabellen für Ausreisen von West nach Ost und für Rückreisen von Ost nach West 76, von Osten nach Westen 77, von Westen nach Osten 77
— Maskat, nach 74, von 74, 75
— Mauritius, von Mauritius nach der Sunda-Straße und zurück 92
— Moulmein, von 75
— Ostafrika, von Aden nach Ost- und Südafrika und zurück 80, im Nordost-Monsun 80, im Südwest-Monsun 80
— Otway, Kap, Sommer- und Winterwege nach Kap Borda oder Kap Otway auf den gemeinschaftlichen Dampferwegen zwischen Südafrika und Australien 88
— Port Elizabeth, von 87
— Portland, Or., nach, von Yokohama 94
— Pulo Bras, von, nach Aden 77
— Pulo Laut, nach 85
— Rangoon, von 75
— Rotes Meer, durch das Rote Meer 73
— — durch den Suez-Kanal und das Rote Meer 73
— Sabang, nach 85
— Sibirien, von Durban nach Japan oder Sibirien und zurück 84, Ausreisen 84, Rückreisen 85
— Singapore, nach 85
— Südafrika, gemeinschaftliche Dampferwege zwischen Südafrika und Australien 86
— Südafrika, Kurse, Distanzen, Schnittpunkte und Entfernungen zwischen Südafrika und Australien auf den gemeinschaftlichen Dampferwegen 90
— Suez, von Suez nach Aden und zurück 73, starke Dampfer auf der Ausreise 73
— Suez-Kanal, durch den Suez-Kanal u. das Rote Meer 73, Allgemeines 73

Dampferreisen, Sunda-Straße, von Aden nach der Sunda-Straße und zurück 78, Ausreisen 78, Rückreisen 78
— Sunda-Straße, von Mauritius nach der Sunda-Straße und zurück 92
— Westaustralien, von Westaustralien oder Kap Leeuwin nach Südafrika auf den gemeinschaftlichen Dampferwegen 90
— Yokohama, nach, von Portland, Or. 95
— Yokohama, von Yokohama nach der Juan de Fuca-Straße oder nach Astoria und zurück 93, empfohlene Wege 93, Entfernungen 93, Schnittpunkte 93, Mittelwerte der Reisedauer 94, Sommerreisen von Osten nach Westen und von Westen nach Osten 94, Winterreisen von Osten nach Westen und von Westen nach Osten 94, Weg nördlich von den Aleuten 95
— Zanzibar, von Zanzibar nach Bombay und zurück 91, im Nordost-Monsun 91, im Südwest-Monsun 91
— Zanzibar, von Zanzibar nach Häfen Cochins oder nach Ceylon und zurück 92, im Nordost-Monsun 92, im Südwest-Monsun 92
Dampferwege, Anweisungen für die gewöhnlichen Dampferwege zwischen Aden und Colombo bei Orkanen 16, auf Reisen von Ost nach West 18, von West nach Ost 16
— gemeinschaftliche Dampferwege zwischen Südafrika u. Australien 86
De Bril 58, 60
Delgado, Kap 80, 81, Südost-Passattrift vor 5, 32
D'Entrecarteaux-Riff 62
Diamond-Insel, Weg östlich von der 51
Diego Garcia 81, 82, 92
Difnein-Insel 74
Djebel Tair 73
Djilolo 67
— -Straße 57, 58, 59, 60, 66
Djubal-Straße 73
Doang 58
Dondra Head 75, 78
Duiven-Eiland 54
Durban 87, 89, 90

East London 68, 82, 84, 87, 89, 90, 91
1½°-Kanal 49, 71, 77, 78, 81, 92
Entfernungen auf den gemeinschaftlichen Dampferwegen von Afrika nach Australien 89
— auf den gemeinschaftlichen Dampferwegen von Australien nach Südafrika 90

Entfernungen auf den empfohlenen Dampferwegen von Yokohama nach der Juan de Fuca-Straße oder nach Astoria und zurück 93
— vom Kap d. G. H. nach Java durch die Bali-Straße 83, durch die Sunda-Straße 83
— von Aden nach Basra, Bombay, Karatshi, Maskat 74
— von Aden nach der Sunda-Straße 78
— von Java Head nach Batavia, von Batavia nach Soerabaja, von Soerabaja nach Blambangan 83
Eisverhältnisse, die 6

Falsche-Huk 70, Orkan bei der 15
Farquhar-Inseln 48
Farsan-Bank 74
Fieramosca-Bank 74
Fisherman-Insel, Strom und Wind 29
Flores 58, 60, 66, Strom 30
— -Höft (Tg. Kopondai) 58, 60
Formosa, Taifunbahnen 19
— -Straße 29
Fort Dauphin 81
Friendship-Bank 57

Gannet-Bank 74
Gaspar-Straße 56, 65, 66
Gelbes Meer, Strom 29, Taifunbahnen 19
Groß-Comoro 47, 71
Groß-Kambüse 57
Groß-Natuna 55, 56, 65
Groß-Nikobar 50, 69, 70
Groß-Salembouw 60
Großer Nordost-Kanal 62
Guardafui, Kap 75, 78, 80
— — Monsunströmungen beim 28
— — Umsegelung des 47, 71
Guten Hoffnung, Kap der 68, 78, 82, 83, 84, 87, 89, 90
— — Kap der, Strom zwischen Kap der Guten Hoffnung u. Kap Recife 32
— — Kap der, Stürme beim Kap der Guten Hoffnung zwischen 10 und 40° O-Lg. 8, mittlere Dauer 8, mittlere Häufigkeit 8
— — Kap der, Sturmtabelle für die Umsegelung des 68
— — Kap der, Windbeobachtungen mit Sturmstärke beim 8

Hainan 66, Taifun in der Umgebung von 18
— -Straße, Taifune 19
Hindustan-Küste 50, 71, 81
Hongkong, Taifune 18, 19
Horn, Kap, Weg um 63
Hugli, Strom vor dem 28

Indischer Ozean, die allgemeinen Stromverhältnisse im 5, 6
— — Windverhältnisse im, 3, 4, 5
— — durchschnittliche Häufigkeit der tropischen Orkane im südlichen 8
— — normaler Luftdruck im Westen des 24
— — Orkane im südlichen Indischen Ozean und in australischen Küstengewässern 10, Verhalten für schwache Dampfer und Segler auf dem Wege vom Osten nach Südafrika 11, auf den Wegen nach Norden 11, auf Reisen von Nord nach Süd 13, von Süd nach Nord in australischen Gewässern 12, im Korallenmeer 13, im Norden der Inseln 13
Inhaltsverzeichnis V

Japan, Taifune 18
— Südostküste, Kuro Siwo 29
Japanische Inseln, Kuro Siwo 29
Japanisches Meer, Taifunbahnen 19
Java-See 67

Kardiva-Kanal 76
Karimata-Inseln, Tiden 31
Karimata-Straße 65, 66, Tiden 31
Karimon Djawa-Eilande 60
Karten, Verzeichnis der Karten und Textfiguren VII
Kokos-Inseln 92
Komoren 47
Kopondai 58
Korallenmeer, normaler Luftdruck im 24
Korea, Westseite, Kuro Siwo 29
— -Straße 56, Kuro Siwo 29
Kuro Siwo 29

Laars-Bänke 58
Lakkadiven 71, 74, 81
Leeuwin, Kap 63, 64, 78, 91
— — Häufigkeit und Stärke der Winde zwischen Kap Borda und 9
— — Versetzungen zwischen Nordwestkap und 31
Linga-Insel 55
Linschoten-Inseln 56
Lisamatula 59, 67
Liukiu-Inseln 56, 58
— — normaler Luftdruck östlich von den 24
— — Orkane, Marschrichtung 26
Lombok-Straße 57, 58, 60, 66, 67, 85
Louisa-Bank 57
Lucipara-Kanal 55

Luftdruck, der Gürtel des höchsten Luftdruckes im südlichen Indischen Ozean 3
— Gürtel des höchsten, die allgemeinen Stromverhältnisse im südlichen Indischen Ozean im Gürtel des höchsten Luftdruckes 5
Luftdruckverhältnisse, die allgemeinen 1
Luzon 85, Taifune 18
— Westküste, Neerstrom 29

Macclesfield-Bank 56, 65, Strom 29
— -Kanal 55
Madagaskar 71, 81, Weg Nord um 83, 84, 85
— Nordwestküste, Südost-Passattrift 5
— Ostküste, Südost-Passattrift vor der 5, Strom vor der 5
Madras-Küste 50
Madura-Straße 67
Makassar 60
— -Straße 57, 60, 66, 85
Malaiische Küste 51, 55, 56
Malakka-Straße 84, 85
Malediven 71
Mallecollo 13
Manila, Taifunbahnen 19
Manipa-Straße 59, 66
Marianen, Taifune 18
Marschall-Inseln, Orkane, Marschrichtung 26
Martaban, Golf von 51
Maskarenen 82
Massaua-Fahrwasser 74
Mauritius 68, 81, 82
— -Orkane 11, Marschrichtung der 11
Mindoro-Straße 56, 66, 85, Taifune 18
Minikoi 77
Mittelgipfel-Insel (Centre Peak Island) 73
Mocha 73
Molukken-See 58
— -Straße 59, 60, 66, 67
Momprang-Inseln, Tiden 31
Monsune, die 3
Monsunwechsel 4
Moresby-Untiefe 73
Moro Maho s. Veldhun-Insel
Mossel-Bucht, Agulhas-Strömung 32
Mozambique-Kanal 47, 71, 80, 81, 84, Nordost-Monsun 4, Südost-Passattrift 5

Natuna-Inseln 56, 57, 65, 66
Neu-Caledonien, Nordwest-Huk 62
— Orkane 13
Neuguinea, Strom 29
Neuseeland, Weg Nord und Weg Süd um 62
Ngollopoppo s. Tabo, Kap
Nikobaren 50, Orkangefahr 16
Nojima-zaki 93
Nordhügel (North Bluff) 74

Nordost-Monsun, der 4
— im westlichen Südost-Passatgebiet des Indischen Ozeans 3
Nordwächter 60, 65, 66
Nordwestkap, Versetzungen zwischen Kap Leeuwin und 81
Nordwest-Monsun, der 4
North Bluff s. Nordhügel
North Danger 56, 65, 66, Strom 29

Oatafu 13
Obi Major 59
Obock, Orkan 16
Östliche Durchfahrten, östliche Äquatorialströmung 5
Ombai, Strom 30
— -Straße 57, 60, 66, 67
Orissa-Küste, Orkan bei der 15
Orkane, Aden- 16
— Anweisungen für die gewöhnlichen Dampferwege zwischen Aden und Colombo bei 16, auf Reisen von Ost nach West 18, auf Reisen von West nach Ost 16
— Anzeichen, die ersten Anzeichen eines tropischen 25
— Ausdehnung der tropischen 23
— Bahnen der tropischen 23
— einige allgemeine Bemerkungen über die 26
— Beschreibung der tropischen 23
— Fortbewegung der tropischen 23
— Grundlagen zum Manövrieren 26
— — — in tropischen 22
— Häufigkeit, durchschnittliche Häufigkeit der tropischen 8
— Hauptorkanzeiten 24
— im Arabischen Meer 16
— im Golf von Bengalen 14, Verhalten für Segler und schwache Dampfer bei westlichen und nordwestlichen Winden 16, wenn der Sturm aus einer Richtung zwischen ONO und N anfängt 15, wenn man den Wind gleich anfangs so nördlich hat, daß das Beidrehen auf B.-B.-Halsen keinem Zweifel unterliegt 16
— im Norden von 25° S-Br. 9
— im südlichen Indischen Ozean und in australischen Küstengewässern 10, Verhalten für schwache Dampfer und Segler auf dem Wege vom Osten nach Südafrika 11, auf den Wegen nach Norden 11, auf Reisen von Nord nach Süd 12, von Süd nach Nord in australischen Gewässern 12, im Korallenmeer 13, im Norden der Inseln 13
— Luftdruck, normaler 24, tägliche Wellen 24, Unterschiede gegen die Normalwerte 24, Unterschiede und tiefste Stände 25, 24stündige Unterschiede 24
Orkane, Marschrichtungen der 26, im Arabischen Meer 26, im Golf von Bengalen 26, im Korallenmeer 26, in den ostasiatischen Gewässern 26, in der Osthälfte des südlichen Indischen Ozeans 26, in der Westhälfte des südlichen Indischen Ozeans 26
— Mauritius- 11
— — auf den gemeinschaftlichen Dampferwegen zwischen Südafrika und Australien 90
— — die Marschrichtung der 11
— Orkanzeiten 23
— Peilung der Mitte der 23
— -Regeln, die alten 25
— — Ergänzung der älteren 25
— Schlußwort 27
— Winddrehung bei Orkanen im südlichen Indischen Ozean 11
— Zeichen, sicheres Zeichen eines Orkanes 11
Orkane und Taifune und das Verhalten von Seglern und schwachen Dampfern bei diesen in den einzelnen Gebieten 10
Ostafrikanische Gewässer, Stürme in 9, vor dem südlichen Teile der ostafrikanischen Küste 9, die Stürme im Norden von 25° S-Br. 9
Ostasiatische Gewässer, normaler Luftdruck in den 24
Otway, Kap 61, 87

Padaran, Kap 55, 56, 65, Strom 29
Palau-Inseln 58
Palawan, Westküste, Neerstrom 29
Paracel-Riffe 55, 56, 65, 66, Strom 29
Paternoster-Eilande s. Tenga-Eilande
Perim 73, 77, Orkan östlich von 66
Persien, Golf von 48, 74, 75, 81
Pescadores-Kanal 56
Philippinen 66, 85
— normaler Luftdruck östlich von den 24
— Orkane, Marschrichtung 26
— Taifune, Entstehungsgebiet bei den 18
Pitt-Straße 58, 59
Point de Galle 81
Pondicherry 50
Port Natal, Agulhas-Strömung 32
Port Said 73
Postillon-Inseln s. Sabalana-Inseln
Pratas-Riffe 56, 58
Preparis-Inseln 50
— Nordkanal 50, 51, 70
— Südkanal 51
Pulo Bras 50, 69, 77, 84
Pulo Condore 56
Pulo Laut 58

Pulo Obi 66
Pulo Rondo 51
Pulo Saputa 56, Wirbelbildung nordöstlich von 29

Ras Bab el-Mandeb 73
Ras el-Ara 74
Ras Fortak 77
Ras Gharibe 73
Ras Hafun 75, 77, 78
— — südwestliche Trift des Nordost-Monsuns 28
— — Umsegelung von 47
Ras Ka-u 74
Recife, Kap, Strom zwischen dem Kap d. G. Hoffnung und 32
Reisedauer, Abc-Tafel der Reisedauer in Tagen auf Seglerreisen 33
— der Durchfahrt durch die Alas-Straße 54, Bali-Straße 54, Lombok-Straße 54, Ombay-Straße 55, Sunda-Straße 53
— Mittelwerte der Reisedauer auf den empfohlenen Dampferwegen von Yokohama nach der Juan da Fuca-Straße oder nach Astoria und zurück 94
— mittlere Reisedauer nach 30° S-Br. von Mozambique, Nossi-Bé, Zanzibar 72
— mittlere Reisedauer von Akyab, Bassein, Calcutta, Chittagong, Moulmein, Rangoon nach Lizard 70
— mittlere Reisedauer von den Straßen bis nach Kap Agulhas 69, nach Celebes oder den Molukken 60
— nach dem Kap d. G. H. von Port Louis, Port Mahé 72
— ungefähre mittlere Reisedauer bis in den offenen Indischen Ozean, durch das Südchenesische Meer: von Bangkok 67, Cebu 67, Hongkong 67, Iloilo 67, Manila 67, Saigon 67, Singapore 67; durch die Sulu-See und Makassar-Straße: von Cebu 67, Iloilo 67, Hongkong 67
— vom Indischen Ozean durch die östlichen Durchfahrten nach Norden bis nach 10° N-Br. 59
— vom Südkap Tasmaniens bis zur Linie 63, von der Linie nach Nagasaki 63, nach Yokohama 63
— von 115° O-Lg. nach Kap Borda, Kap Otway, Südkap Tasmaniens 62
— von Java Head nach Hakodate 56, Hongkong 56, 57, Kiautschou 56, Kobe 56, Manila 56, Nagasaki 56, Singapore 55, Tsuruga 57, Yokohama 56, 57
— von Singapore nach Bangkok 57, Hongkong 57, Saigon 57

Réunion 68, 81, 82, Strom zwischen Madagaskar und 32
Rodriguez 48, 68, 82, Wind 11
Rossel-Insel 62
Rotes Meer, Orkan östlich vom Eingang zum 16
— — Querversetzungen im 27
Rotti, Strom 30
Rottnest-Insel 89
Rotuna 13
Royal Charlotte-Bank 57

Sabalana (Postillon)-Inseln 58
Safarana-Riff 73
Sakala 60
Saleier-Straße 58, 60, 66
Salomon-Inseln 62, Orkangefahr 13
Samasana 56
San Bernardino-Straße 58, 59
San Cristobal 62
Sand Heads 69
Sangir-Straßen 58
Sapi-Straße 67
Sapudi-Straße 57
Sarongtang 58
Sauakin-Inselgruppe, Querversetzungen 28
Saya de Malha-Bank 48
Saya-Insel 55
Schab Abu Nahas-Riff 73
Schadwan-Insel 73
Scheratib-Bänke 73
Schnittpunkte auf Dampferreisen vom Kap d. G. H. nach der Bali-Straße 83
— auf Dampferreisen vom Kap d. G. H. nach der Sunda-Straße 82
— auf Dampferreisen von der Sunda-Straße nach dem Kap d. G. H. 84
— auf den empfohlenen Dampferwegen von Yokohama nach der Juan de Fuca-Straße oder nach Astoria und zurück 93, 94
— auf den gemeinschaftlichen Dampferwegen von Australien nach Südafrika 90
— auf den gemeinschaftlichen Dampferwegen zwischen Südafrika und Australien 88, 89
— auf Seglerreisen nach der Alas-Straße 54, Lombok-Straße 54, Ombay-Straße 54, Sunda-Straße 53
— auf Seglerreisen vom Kap d. G. H. auf dem Wege Süd um Tasmanien 61, nach der Bass-Straße 61, Südaustralien 61, Westaustralien 61
— auf Seglerreisen von der Passatgrenze im Südatlantischen Ozean nach dem Golf von Bengalen 49
— für die Südgrenze des Nordost-

Passates auf Seglerreisen nach Cebu, Hongkong, Iloilo, Manila, Nordchina, San Bernardino-Straße 59
Schnittpunkte im Indischen Ozean zur Zeit des Nordost-Monsunes auf Seglerreisen nach dem Golf von Bengalen 49
— im Indischen Ozean zur Zeit des Südwest-Monsunes auf Seglerreisen nach dem Golf von Bengalen 51
Schumma-Insel 74
Seaflower-Kanal 55
Sebajir-Inseln 73
Seglerreisen 33
— Abc-Tafel der Reisedauer in Tagen 33
— Ausreisen, Aden, nach dem Golf von 47
— — Afrika, nach der Ostküste von 46
— — Akyab, nach 51
— — Alas-Straße, Dauer der Durchfahrt durch die 54
— — Alas-Straße, nach der 54
— — Alas-Straße, von der Alas-Straße durch die Djilolo-Straße nach Norden 58
— — Amboina, nach 60
— — Amoy, nach chinesischen Häfen an der Formosa-Straße südwärts bis 58
— — Anweisungen, kurze, für Ausreisen 46
— — Auckland, nach 62
— — Australien, nach der Nordküste Australiens 62
— — Australien, vom Kap d. G. H. nach Australien oder weiter 60, Allgemeines 60
— — Australien, von Mauritius nach Australien oder weiter 60
— — Australien, von Südostafrika nach Australien oder weiter 60
— — Bali-Straße, Dauer der Durchfahrt durch die 54
— — Bali-Straße, nach der 54
— — Bali-Straße, von der Bali-Straße oder einer östlicheren Straße nach Westen 67
— — Banda, nach 60
— — Bangkok, nach 55, 56
— — Banka-Straße, durch die 55
— — Bassein, nach 50, 51
— — Bass-Straße, Schnittpunkte nach der 61
— — Batavia, nach 57

Seglerreisen, Ausreisen, Bengalen, nach dem Golf von 49, Schnittpunkte im Indischen Ozean zur Zeit des Nordost-Monsuns 49, zur Zeit des Südwest-Monsuns 51
— — Bismarck-Archipel, nach dem 62
— — Bombay, nach 48
— — Calcutta, nach 50, 51
— — Carpentaria, nach dem Golf von 62
— — Cebu, nach 56, 57, 58, 59
— — Celebes, nach 59, 60
— — — Reisedauer nach 60
— — Ceylon, nach 49
— — Chinesische Häfen, nach Chinesischen Häfen an der Formosa-Straße südwärts bis Amoy 58
— — Chittagong, nach 50
— — Delagoa-Bucht, nach der 46
— — Delgado, Kap, nach einem Platz nördlich von 47
— — East London, nach 46
— — Guten Hoffnung, Kap der, vom Kap der Guten Hoffnung nach Australien oder weiter 60, Allgemeines 60
— — Guten Hoffnung, Kap der, von der Länge des Kaps der Guten Hoffnung nach Osten 46, Abweichen nach Norden 46, Abweichen nach Süden 46, Breiten zum Ablaufen der Länge 46
— — Hiogo, nach 56
— — Hongkong, nach 55, 56, 58
— — Ibo, nach 47
— — Iloilo, nach 56, 57, 58, 59
— — Japan, nach 56, 58
— — Karátshi, nach 48
— — Karimata-Straße, durch die 55
— — Kilimán, nach 47
— — Lombok-Straße, Dauer der Durchfahrt durch die 54
— — Lombok-Straße, nach der 54
— — Lombok-Straße, von der Lombok-Straße durch die Djilolo-Straße nach Norden 58
— — Madagaskar, nach der Ostküste Madagaskars oder nach den benachbarten Inseln 47

Seglerreisen, Ausreisen, Madagaskar, nach d. West-
küste Madagaskars 46
— — Madras, nach Madras und
anderen Häfen des Golfs
von Bengalen 50
— — Makassar, nach 59
— — — -Straße, durch
die Makassar-Straße nach
Norden 57
— — Malakka-Straße, nach Häfen jenseits der 51
— — Manila, nach 56, 57, 58, 59
— — Mauritius, nach 47
— — — von Mauritius nach Australien oder weiter 60
— — Molukken, nach den 59
— — — Reisedauer nach den 60
— — Molukken-Straße, durch die Molukken-Straße nach Norden 59
— — Moulmein, nach 50, 51
— — Mozambique, nach 47
— — — -Kanal, durch den 46
— — Nagasaki, nach 56
— — Neuseeland, nach 62
— — — nach Häfen an der Ostküste von 62
— — Newcastle, nach, von 115° O-Lg. 61
— — Nordchina, 56, 58, 59
— — Nossi Bé, nach 47
— — Östliche Durchfahrten, nach Häfen jenseits der östlichen Durchfahrten 51
— — Östliche Durchfahrten, Reisedauer vom Indischen Ozean durch die östlichen Durchfahrten nach Norden bis nach 10° N-Br. 59
— — Östliche Durchfahrten, von den östlichen Durchfahrten nach Norden 57
— — Ombai-Straße, Dauer der Durchfahrt durch die 55
— — Ombai-Straße, nach der 54
— — — — von der Ombai-Staße durch die Djilolo-Straße nach Norden 59
— — Ostasien, nach 62
— — Padang, nach 55
— — Palawan-Durchfahrt, durch die 56
— — Penang, nach 50, 51

Seglerreisen, Ausreisen, Persien, nach d. Golf von 48
— — Philippinen, nach südlicheren Häfen in den 56
— — Port Darwin, nach 62
— — Port Napier, nach 62
— — Port Natal, nach 46
— — Rangoon, nach 50, 51
— — Rodriguez, nach 47
— — Saigon, nach 55, 56
— — Samoa, nach 62
— — Sangir-Inseln, nach den 60
— — Sapi-Straße, nach der 54
— — Seychellen, nach den 47
— — Sibirien, nach 56, 58
— — Singapore, nach 51, 55
— — — nach nördlicheren Häfen als 55, 56
— — Singapore, von Singapore nach nördlicheren Häfen 57
— — Südaustralien, Schnittpunkte nach 61
— — Südchina, nach 55, 56
— — Südostafrika, von Südostafrika nach Australien oder weiter 60
— — Südsee-Inseln, nach den 62
— — Sunda-Straße, Dauer der Durchfahrt durch die 53
— — Sunda-Straße, nach der 53
— — — — nach Häfen jenseits der 51
— — Sunda-Straße, Passatstörungen vor der 58
— — Sunda-Straße, von der Sunda-Straße nach Norden 55
— — Sunda-Straße, von der Sunda-Straße nach Osten 57
— — Sydney, von 115° O-Lg. nach 61
— — Tahiti, nach 62
— — Tamatave, nach 47
— — Tasmanien, Schnittpunkte auf dem Wege Süd um 61
— — Tjilatjap, nach 55
— — Tokio, nach 58
— — Wegetafel für Ausreisen durch die Straßen 52
— — Westaustralien, Schnittpunkte nach 61
— — Yokohama, nach 56, 58
— — Zanzibar, nach 47
— Rückreisen, Aden, vom Golf von 71
— — Akyab, Mittlere Reisedauer von Akyab nach Lizard 70
— — Akyab, von Akyab nach dem Südost-Passat 69, 70

Seglerreisen, Rückreisen,	Amboina, von 37		Seglerreisen, Rückreisen,	Guten Hoffnung, Kap der, von der Ostküste Madagaskars nach dem 72
—	—	Arabisches Meer, vom Arabischen Meer nach dem Kap d. G. H. 70	—	—	Guten Hoffnung, Kap der, von der Westküste Madagaskars nach dem 72
—	—	Australien, von Australien nach dem Kap d.G.H. 63, Allgemeines 63	—	—	Guten Hoffnung, Kap der, von Reunion nach dem 72
—	—	Australien, von Australien nach Mauritius 63	—	—	Guten Hoffnung, Kap der, von Zanzibar oder benachbarten Orten nach dem 72
—	—	Australien, von Australien nach Südostafrika 63	—	—	Hongkong, von 65, 66, 67
—	—	Australien, von der Südküste Australiens nach Westen 63	—	—	Iloilo, von 66, 67
—	—	Australien, Weg Nord um 63	—	—	Japan, von 66
—	—	Balabak-Straße, von d. 65	—	—	Java, von 67
—	—	Bangkok, von 65, 66, 67	—	—	— -See, von der Java-See und durch die Straßen in den Indischen Ozean 67
—	—	Banka-Straße, von der 65			
—	—	Bassein, Mittlere Reisedauer von Bassein nach Lizard 70	—	—	Kapstadt, von Australien nach 63
—	—	Bassein, von Bassein nach dem Südost-Passat 69, 70	—	—	Leeuwin, Kap, von Kap Leeuwin nach der Südostküste Afrikas 63
—	—	Batavia, von 67	—	—	Madagaskar, von der Ostküste Madagaskars 72
—	—	Bengalen, vom Golf von Bengalen nach dem Kap d. G. H. 69	—	—	Madagaskar, von der Ostküste Madagaskars nach dem Kap d. G. H. 71
—	—	Bengalen, von der Ostseite des Golfes von Bengalen nach dem Südost-Passat 70	—	—	Madagaskar, von der Westküste Madagaskars nach dem Kap d.G.H. 72
—	—	Bombay, von 71	—	—	Madras, von Madras oder anderen Häfen an der Westseite des Golfes von Bengalen nach dem Südost-Passat 69
—	—	Calcutta, Mittlere Reisedauer von Calcutta nach Lizard 70			
—	—	Calcutta, von 69, 70	—	—	Madras, von Madras und südlicheren Häfen nach dem Südost-Passat 70
—	—	Cebu, von 66, 67			
—	—	Ceylon, von 71	—	—	Makassar-Straße, von der 66, 67
—	—	— von Ceylon nach dem Kap d. G. H. 70	—	—	Manila, von 65, 66, 67
—	—	Chittagong, Mittlere Reisedauer von Chittagong nach Lizard 70	—	—	Mauritius, von 72
—	—		—	—	— von Australien nach 63
—	—	Guten Hoffnung, Kap der, Umsegelung des 68	—	—	Mauritius, von Mauritius nach dem Kap d.G.H. 71
—	—	Guten Hoffnung, Kap der, von Australien nach dem 63, Allgemeines 63	—	—	Molukken, von den 67
—	—		—	—	Molukken-Straße, durch die 67
—	—	Guten Hoffnung, Kap der, von den Seychellen nach dem 71	—	—	Moulmein, Mittlere Reisedauer von Moulmein nach Lizard 70
—	—	Guten Hoffnung, Kap der, von den Straßen nach dem 68, der östliche Teil des Weges 68, der Weg im Passat 68	—	—	Moulmein, von Moulmein nach dem Südost-Passat 69

Seglerreisen, Rückreisen, Mozambique, mittlere Reisedauer von Mozambique bis 30° S-Br. 72
— — Nordchina, von 66
— — Nossi Bé, mittlere Reisedauer von Nossi Bé bis 30° S-Br. 72
— — Ostafrika, von Ostafrika nach dem Kap d. G. H. 72
— — Ostasiatische Gewässer, ungefähre mittlere Reisedauer von den Ostasiatischen Gewässern bis in den offenen Indischen Ozean 67, durch das Südchinesische Meer 67, durch die Sulu-See und die Makassar-Straße 67
— — Ostasiatische Gewässer, von den Ostasiatischen Gewässern nach dem Indischen Ozean 65
— — Ostchina, von 66
— — Panay, von 66
— — Penang, von Penang nach dem Südostpassat 69, 70
— — Perim, vom Golf von 71
— — Rangoon, mittlere Reisedauer von Rangoon nach Lizard 70
— — Rangoon, von Rangoon nach dem Südost-Passat 69
— — Réunion, von 72
— — von Réunion nach dem Kap d. G. H. 71
— — Saigon, von 65, 66, 67
— — Seychellen, von den 71
— — von den Seychellen nach dem Kap d. G. H. 71
— — Singapore, von 65, 66, 67
— — Soerabaja, von 67
— — Straßen, durch die 67
— — — mittlere Reisedauer von den Straßen bis nach Kap Agulhas 69
— — Straßen, von den Straßen nach dem Kap d. G. H. 68, der östliche Teil des Weges 68, der Weg im Passat 68
— — Südchinesisches Meer, durch das Südchinesische Meer von Hongkong 66
— — Südhindustan, von 71

Seglerreisen, Rückreisen, Südostafrika, von Australien nach 63
— — Südost-Passat, vom Golf von Bengalen durch den Südost-Passat und weiter 70
— — Wegetafel für Rückreisen durch die Straßen 64
— — Zanzibar, mittlere Reisedauer von Zanzibar bis nach 30° S-Br.
— — Zanzibar, von Zanzibar oder benachbarten Orten nach dem Kap d. G. H. 72

Seité-Berge 73
Sepandjang 60
Seychellen 47
Shanghai, Taifunbahnen zwischen Amoy und 19
Shantung, Kap, Strom 29
Sholzen-Kanal 66
Siam, Golf von, Orkane, Marschrichtung 26
Sibutu-Paß 85
Si-Hügel 74
Singapore-Straße 55, 57
Snares 62
Soerabaja 83
Sokotra 75, 77
— Monsunströmungen bei 28, 71
— Orkane nördlich von 16
Somali-Küste 71, 80, 81
Sombrero-Kanal 69
Sta Cruz-Inseln 62
Sta Maria, Kap, Südost-Passattrift 5
Stanton-Kanal 55
St. Augustin, Kap 85
Stiller Ozean, normaler Luftruck im 24
— — westlicher, durchschnittliche Häufigkeit der tropischen Orkane 8
St. Jaques, Kap 55
St. Nikolas-Huk 65
Strömungen in einzelnen Meeresteilen 27
— Agulhas-Strömung 32
— Arabisches Meer 28
— Arafura-See 31
— Atolle 31
— Australien, Westküste 31
— Bengalen, Golf von 28
— Guardafui, Kap 28
— Korallenmeer 31, an der Außenseite des Großen Riffes 31, innerhalb des Großen Riffes 31
— Korallenriffe 31
— Madagaskar, Südküste von 32
— Malaiischer Archipel 29, Alas-Straße 30, Bali-Straße 30, Banka-Straße 30, Gaspar-Straße 31, Karimata-Straße 31, Lombok-Straße 30, Ombai-Straße

30, Sapi-Straße 30, Sunda-See, westlicher Teil und in den nördlichen Straßen 30, Sunda-Straße bei Dwars in den Weg 29
Strömungen, Ostchinesische Gewässer 29
— Rotes Meer 27
— Sokotra 28
— Südchinesisches Meer 29
Stromkap 58
Stromverhältnisse, die allgemeinen 5
Stürme beim Kap d. G. H. zwischen 10 und 40° O-Lg., mittlere Häufigkeit 8, mittlere Dauer 8
— in ostafrikanischen Gewässern 9, im Norden von 25° S-Br. 9, vor dem südlichen Teile der ostafrikanischen Küste 9
Sturmtabelle für die Umsegelung des Kaps d. G. H. 68
Sturmtabellen für den Indischen Ozean 8
Süd-Anam, Taifunmitte 19
Südchinesisches Meer, Durchschnittliche Häufigkeit der tropischen Orkane 8, Taifune 18
Süd-Natuna 65
Südost-Passat, die allgem. Stromverhältnisse im 5
— — Windverhältnisse im 3
— — mittlere Grenzen des 62
Südwest-Monsun, der 4
Suez, 73, 77
— Golf von 73, Querversetzungen 27
— -Kanal 73
Sula Beri 58
Sulu-See 56, 67, 85, Taifune, Entstehungsgebiet 18
Sumatra 70, Strom unter der Küste von 30
— Westküste, Mallungsgebiet vor der 5
Sumba, Strom 30
Sumbawa, 58 60, 66
Sunda-Inseln 58
— -See 65
— -Straße 65, 66, 67, 68, 78, 82, 84, 85, östliche Äquatorialströmung 5
Swiftsure-Bank-Feuerschiff 93

Tabo, Kap, (Tg. Ngollopoppo) 58, 59
Taifunbahnen 19
Taifune 18
— Ausnahmebahnen 19
— Durchmesser der 20
— Entstehungsgebiete 18
— Häufigkeit 18
— Manövertafel für das Südchinesische Meer 21
— Marschgeschwindigkeit 19

Taifune, Orkane und Taifune und das Verhalten von Seglern und schwachen Dampfern bei diesen in den einzelnen Gebieten 10
— Verhalten für Segler und schwache Dampfer im Südchinesischen Meer 20
— Versetzungen, ungewöhnliche bei 22
Taka Ramata 67
Tambelan-Inseln 55, 66
Tasmanien, Südkap 62
— Weg Süd um 61
Tenasserim-Küste 50
Tenga (Paternoster)-Eilande, 58, 60, 66, 67
Textfiguren, Verzeichnis der Karten und VII
Timor, Strom 30
Timorlaut-Inseln, Neerstrom 31
Timor-See, normaler Luftdruck in der 24
Tonking, Golf von, Taifunbahnen 19
Torres-Insel 50
— -Straße, östliche Äquatorialströmung 5
Toynbee, Sturmtabellen für die Umsegelung des Kap d. G. H. nach 68

Unimak-Straße 95

Varella, Kap 66, Stromstärke 29
Veldhun-Insel 58, 66
Vizagapatam 50, 70
Vorderindien, Ostküste, Monsuntrift 28
Vorwort III

Wächter-Inseln 66
Wangi Wangi 58
Wegetafel für Segler, Ansreisen durch die Straßen 52
— — — Rückreisen — — 64
West-Monsun im östlichen Südost-Passatgebiet des Indischen Ozeans 3
Westwindgebiet, die allgemeinen Stromverhältnisse des südlichen Indischen Ozeans im 5
Westwindtrift 11
Wickham, Kap 61
William, Kap 58, 66
Windbeobachtungen, Häufigkeit der Windbeobachtungen mit Sturmstärke beim Kap d. G. H. 8, südlich von 30° S-Br. zwischen 40 u 110° O-Lg. 9
Winddrehung bei Orkanen im südlichen Indischen Ozean 11
Winde, Häufigkeit und Stärke der Winde in den australischen Küstengewässern zwischen Kap Leeuwin und Kap Borda 9
Windverhältnisse, die allgemeinen 3
10°-Kanal 51, 69

Druckfehler und Berichtigungen.

Seite 50, Zeile 27 von oben lies: Alguada-Riff statt Aguada-Riff,
  51, „ 26 ,   Alguada-Riff   Alquada-Riff.

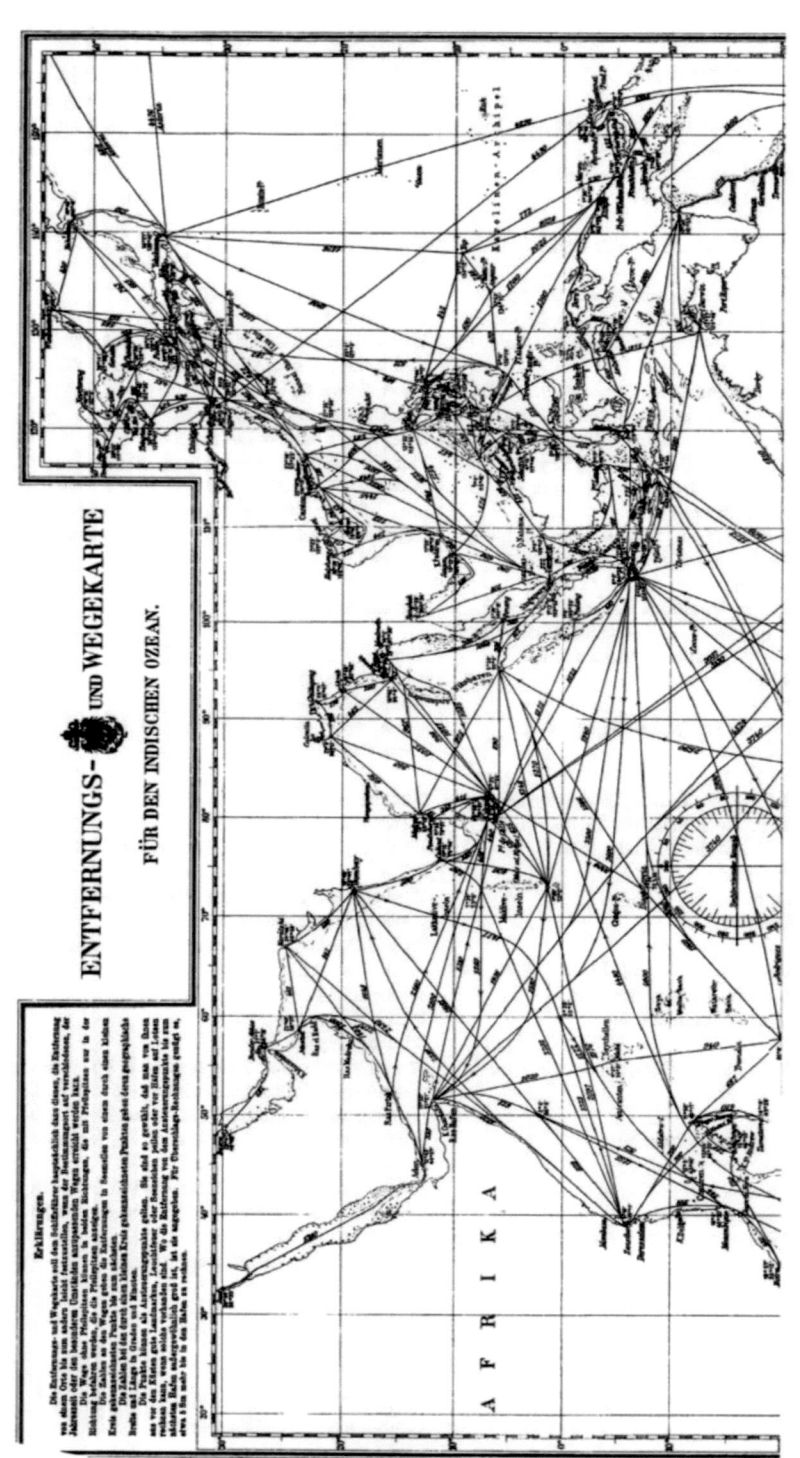

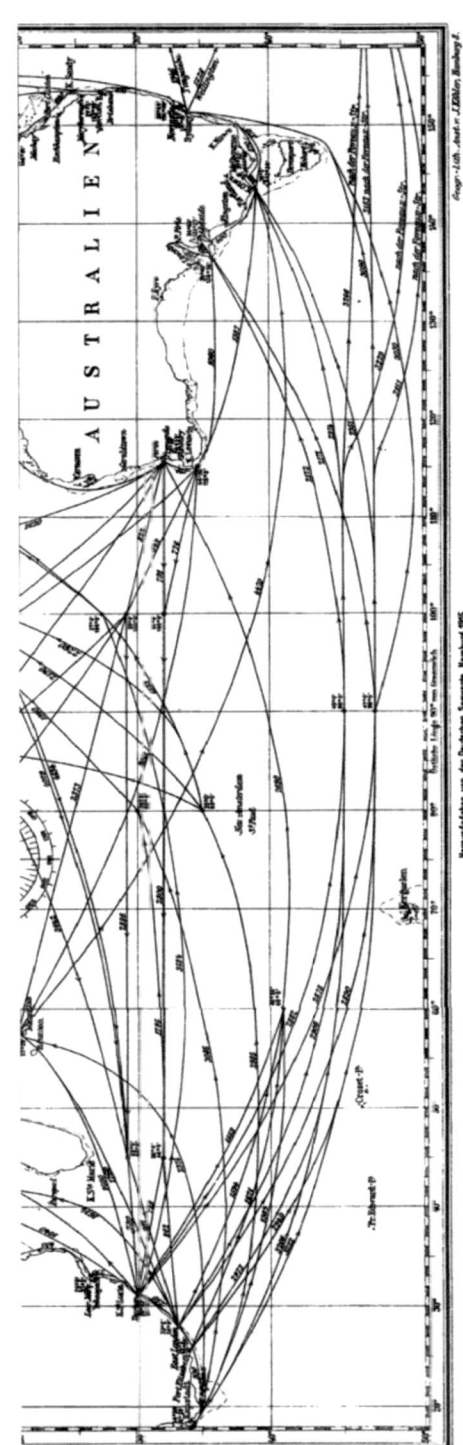